果树修剪整形嫁接技术

主 编　蔺福金　吕春和　陈秀华

天津出版传媒集团

天津科学技术出版社

图书在版编目（CIP）数据

果树修剪整形嫁接技术 / 蔺福金，吕春和，陈秀华
主编. — 天津：天津科学技术出版社，2020. 9
　　ISBN 978-7-5576-8669-7

Ⅰ. ①果… Ⅱ. ①蔺… ②吕… ③陈… Ⅲ. ①果树—
修剪②果树—嫁接 Ⅳ. ①S660. 5②S660. 4

中国版本图书馆 CIP 数据核字（2020）第 168948 号

果树修剪整形嫁接技术
GUOSHU XIUJIAN ZHENGXING JIAJIE JISHU
责任编辑：陶　雨

出版：　天 津 出 版 传 媒 集 团
　　　　天津科学技术出版社
地址：天津市西康路 35 号
邮编：300051
电话：(022) 23332400
网址：www. tjkjcbs. com. cn
发行：新华书店经销
印刷：北京富泰印刷有限责任公司

开本 880×1230　1/32　印张 5　字数 125 300
2020 年 9 月第 1 版第 1 次印刷
定价：31.80 元

编委会名单

前　言

随着我国农业进入新阶段，我国果树生产进入了快速增长的发展时期，为了使果品质量尽快提升，就必须狠抓果树整形修剪嫁接技术，因为整形修剪嫁接技术是果树管理中的一项重要措施。

本书内容包括果树修剪整形嫁接概说、果树修剪整形嫁接的工具使用、果树整形修剪时期和修剪和嫁接方法、常见果树的整形、修剪及嫁接等内容。

全书内容系统丰富，语言通俗易懂，技术先进实用，图解形象直观，可操作性强，可供广大果农和园林工作者学习使用，也可供林果技术人员、林果专业的培训阅读参考。

编　者

目 录

第一章　果树修剪、整形、嫁接概说

第一节　整形和修剪

所谓果树的整形就是根据不同果树的生物学特性和生长结果习性，不同立地条件、栽培制度、管理技术以及栽培目的，对果树进行修剪和实施相应的栽培技术，将果树的树体培养成特定的形状和结构，使果树树冠的骨干枝按一定的形式排列，轮廓形成一定的形状，无论是个体还是群体都有较大比例的有效光合面积，并且能负载较高产量，结出品质优良的果实，形成方便管理或适宜观赏的合理的、科学的树体结构的方法。

果树一般从定植后开始整形，以后每年都连续进行，直到树冠成形。整形的目的是培养适合的具备最佳生产要求的树体结构，树冠一定要通风、透光良好，从而使果树实现早结果、早丰产、优质、稳产。

果树的修剪也叫剪枝，是利用不同果树的生物学特性或者为了美化或观赏的需要，对果树采用技术手段进行处理，如短截、缓放、回缩、疏枝以及造伤处理等人工技术或是施用生长调节剂，来调控果树枝的生长速度和方向以及分枝数量和角度，使树体的通风透光条件得到改善，对树枝的营养分配和转化枝类的组成进行调节，达到主枝、枝组的培养与更新，使生长与结果平衡，而且科学合理。因此，对果树进行修剪主要是针对枝条而言的，能够获得足量、稳定、健壮、生产周期长以及效率高等有利条件。

由于果树是在不断生长的，在其生长中也会存在不同的问题，为了能够使幼树早成形、早结果、早丰产，使成龄树优质、高产、稳产，应根据果树树体的变化，对其枝条进行适当修剪。因此，果树的修剪将会伴随果树一生。

果树整形与修剪的关系：整形是通过修剪来完成的，其主要目的在于培养骨架，充分利用空间和光能，使树体通风透光。而修剪是在整形的基础上进行的，主要目的是培养和更新枝组并处理一些局部不协调的问题，使果树的长、中、短枝比例协调，生长与结果能够保持平衡，并促进果树早结果、早丰产，而且连年优质、丰产、稳产，以最大程度的获得经济效益。

由于果树属多年生植物，因此在其生命周期中难免会存在生长与结果、衰老和更新等竞争关系，很容易在生产中经常出现一些问题，如适龄不结果、树冠比较密闭、落花落果以及高产低质等，为保证早结果、优质、丰产、稳产，对果树进行整形修剪是最佳的方法。因此，果树的整形修剪在生产上是最有特色的关键技术，对果树的生长和生产起着非常重要的作用。

第二节　整形修剪的生物学基础

果树修剪的重要依据是其生物学特性，对果树进行修剪要符合果树的生长结果特性，利用各种修剪方法以及相互配合的方式完成整形修剪的任务，以有利于实现早结果，使果树优质、高产、稳产。

果树的修剪直接作用于枝和芽，枝芽特性在果树的整形修剪中非常重要，既可依其特性进行修剪，也可通过修剪对其进行调节，是指导整形修剪的重要依据。

一、芽异质性的利用

若需在剪口下萌发壮枝，可在饱满芽处进行短截；如果需要削弱，可在春、秋梢交接处或基部瘪芽处进行短截。

二、芽早熟性的利用

芽早熟性的树种一年能发生多次副梢，利用这个特点，可以通过夏季修剪加速整形，促进果树的早果生产。

三、芽的潜伏力与更新

果树枝芽的潜伏力强，对于修剪发挥更新复壮的作用很大。如李树可以利用潜伏芽进行大枝更新，剪、锯口可萌发新枝4～6个。相反，桃树芽的潜伏力比较弱，因此，更新时通常只有1～2个新枝。

四、萌芽率和成枝力与修剪

有些树种的萌芽率和成枝力强，长枝较多，因此容易整形选枝，但是其树冠容易郁闭，修剪大多采用疏剪、缓放等技术手段。对于萌芽率高和成枝力弱的树，一般多形成大量的中、短枝和早结果枝，为增加长枝数量，在修剪中要注意适度地短截。若果树的萌芽率低，则应通过拉枝、刻芽等措施，来增加萌芽的数量。修剪可以调节果树的萌芽率和成枝力。

第三节　整形修剪的目的

一、调节果树与环境之间的关系

果树栽植大多是在果园，但也有的在路旁、渠道旁、村旁和住宅旁。有的在庭院内，成为庭院经济的一部分。这些地块果树一般栽植比较稀，在整形修剪上，下部的主干要高，培养较大的树冠，达到美化环境同时能稳定结果、延长寿命的目的。

山地果园很多是等高线单行种植，光照条件比较好，留枝可以多一些。每棵树外围向阳面主枝要开张，多利用阳光，背光面主枝生长角度要小一些，主枝较直立，这样光照更均匀。

平地果园定植时以宽行密植为宜，行间较宽，使果树能得到需要的阳光，特别是斜照光能照到果树的中下部，同时行间较宽，便于人工管理和机械化操作。株间距离窄，有利于密植，可培养小型树冠提早结果和获得高产。果园树行以南北向为好，光能利用多且比较均匀。

果园内果树修剪要根据果园群体的发展，采用相应的整形修剪措施，使果园群体在一生中发挥最大的生产效能和经济效益。对于幼年果树，要促进生长，达到尽快占满空间，要多留枝叶，干性强的要留中心干，以充分利用光照，加速群体形成。一般果树管理有疏花疏果、果实套袋等措施，采摘则是最为费工的劳动。为了便于管理，最好把果树的高度控制到 3 米左右为宜。有中心干要落头，以控制果树高度。

整个果园中的果树，通过整形修剪，要求每一棵树都整齐一致，在幼树整形的同时，要把发育枝转化成结果枝，使果树的枝条除了树体的骨干枝外，其他小枝都要转化成结果枝组或结果母枝及结果枝，形成以果压树的形式。在果园进入优质丰产期，整个果园还必须要保持有一定的空间。如果从果园的上空往下看，果树的土地覆盖率在 70%～80% 为适宜，即要有 20%～30% 的空间，保证斜光照能照到树冠的中下部，有良好的光照条件才能有优质的果品。同时，使果园行间有一定的空间，便于人工在田间操作，以及机械化管理。

二、调节好果树树体各枝条之间的关系

果树整形时首先要考虑不同种类果树的生长结果习性。例如，仁果类果树，自然生长一般都有中心主干，在果树整形时要选用主干分层形或纺锤形等树形；核果类果树，自然生长一般没有中心主干，则可整形成自然开心形或自然杯状形等树形。

说明对果树的整形要随枝整形，不能强制整形。

由于一棵树上由很多枝条形成一个群体，这个群体如同人类社会一样，有领导和被领导的关系，各个枝条之间需保持主从关系。例如，中央主干又叫中央领导干，生长部位最高，中央主干既要高于主枝，主枝又要高于侧枝，侧枝又要高于其他小枝。小枝常在一起组成结果枝组，一个较大的结果枝组，长果枝一般在前端，位置较高，中部是中小型果枝，基部还有更小的花束状果枝，叫花束枝，使结果枝组保持主从关系。这些枝条的从属关系虽然是果树生长的一种习性，但是也必须通过人工整形修剪来保持，使树体的枝条分布均匀，各有其位，错落有序。在生长过程中常常在果树主干上生长出徒长枝，生长旺盛而影响枝条之间的从属关系，一般要人工剪除。在徒长枝有空间生长时也可将直立枝改变角度，使徒长枝处于从属的位置。

另外，进入成龄树的过程中，在修剪上要注意枝条分工，有的枝条要扩大树冠保持生长势，有的枝条要及时转化成结果枝，要求生长枝形成树体的骨架，在骨架上形成大量结果枝。即在幼树阶段，枝条都是发育枝。进入成龄树过程中，枝条则分成两种，一种是发育枝，另一种是结果枝。如何使发育枝转化成结果枝，这也是整形修剪的一个目的。要经过科学地修剪，使树体内的小枝都转化成结果枝组、结果母枝和结果枝，同时结果枝又能不断更新，达到连续结果，形成丰产稳产的果。

三、提早结果、优质丰产和稳产，同时便于田间作业

通过整形修剪调节好果树与环境之间的关系，调节好树体各枝条之间的关系，目的是使幼年果树提早结果、提早进入丰产期，同时要求达到品质优良，产量稳定，延长优质丰产的时期，延迟衰老，提高经济效益。通过整形修剪，还可使树体矮小和整齐一致，便于人工管理和机械化操作，达到省工高效的

目的。

整形修剪是果树管理中的重要环节，但必须与发展优良品种，合适的嫁接砧木，以及土、肥、水和预防病虫害等田间管理相结合，才能达到以上目的。关于如何做到科学修剪，为什么整形修剪能提早结果、优质丰产，下面从果树修剪的生理基础进行详细叙述。

第四节　果树嫁接的概念

嫁接，植物的人工营养繁殖方法之一。即将植株上的枝条、芽片等组织接到另一株植株上的枝条、干或根等适当部位上，经过愈合后组成新的植株。接上去的枝条或芽片叫作接穗，被接的植物体叫作砧木或台木。接穗一般选用具2～4个芽的苗，嫁接后成为植物体的上部或顶部；砧木嫁接后成为植物体的根系部分。这种繁殖果树的方法就叫作果树嫁接。

第五节　果树嫁接的意义

嫁接既能保持接穗品种的优良性状，又能利用砧木的有利特性，达到早结果、增强抗寒性、抗旱性、抗病虫害的能力，还能经济利用繁殖材料，增加苗木数量。嫁接分枝接和芽接两大类：前者以春秋两季进行为宜，尤以春季成活率较高；后者以夏季进行为宜。嫁接对一些不产生种子的果木（如柿的一些品种）的繁殖意义重大，主要有以下方面。

一、繁殖苗木和接穗

果树采用实生繁殖是不能保持母本的优良性状的，必须要实行无性繁殖。尽管果树的无性繁殖的方法很多，如嫁接、扦插、压条、分株，甚至组织培养等，但嫁接是目前苗木生产中广泛应用的方法，通过嫁接可以迅速培育大量的、性状基本一致的苗木，为果树的生产发展奠定基础。

二、增强植株抗逆境能力

砧木对接穗的生长发育具有十分重要的影响。一般栽培品种自身根系的生理机能较差，对不良条件的抵抗力低，所以，不适合生产上栽培。但通过选择一些具有良好特性的野生种类果树作为砧木，就能够大大改善。由于砧木根系发达，抗逆性强，嫁接苗明显耐逆境。生产上常常利用砧木的乔化、矮化、抗旱、抗寒、耐涝、耐盐碱和抗病虫等特性，增加接穗品种的适应性和抗逆境能力，有利于扩大植物的栽植范围和种植密度等。

三、实现早产和丰产

果树嫁接的接穗都是从成年树体上采取的枝条和芽片，已经具有较强的发育年龄，其嫁接于砧木上，成活后生长发育的阶段大大缩短，实现早产。此外，嫁接还有利于树体地上部分营养物质的积累，因而也能提早开花结果，实现丰产。

四、更新品种

随着生产的发展和人民生活水平的提高，果树新品种不断问世，但很多果园由于在建园初期品种选择和搭配不当，造成果树品种混杂、产量低下、品质差等，因而更新果树新品种是果树生产中面临的一个重要的问题。对于已有果园，由于果树的寿命较长，少则十几年，多则上百年才宜更新，刨根重栽既浪费土地，影响园貌和产量的恢复，品种更新又较慢。因而进行果树的高接换种技术，是提高果品产量和质量的重要手段。

五、挽救垂危果树

生产中，果树的枝干、根颈等部位极易受到病虫危害，导致果树的地上部与地下部营养疏通受阻，此时果树生长衰弱，甚至造成果树死亡，这时可以采用各种桥接等嫁接方法，将果树重新连接，挽救果树，从而增强树势。

六、改善授粉条件

绝大多数果树品种需要不同品种间进行授粉才能正常结实。但在实际生产中，许多果园由于品种单一栽植、授粉品种不当或授粉树数量太少，以致授粉受精不良，造成花而不实的现象。通过高接部分授粉品种，可以有效地改善果园的授粉条件，从而为丰产、优质和降低栽培成本奠定基础。

七、嫁接育种

嫁接育种是通过两个具有不同遗传性果树的营养体部分进行嫁接，使愈合在一起的砧木和接穗能相互影响，在嫁接的当代或后代产生既具有接穗性状又具有砧木性状的遗传性，或使一方发生遗传上的变异，进而培育出合乎人们需要的新品种。

第二章 果树整形、修剪、嫁接基本方法

第一节 常见的树形

一、主干形

主干形主要是依据天然树形进行适当修剪，这类树形有中心干，主枝分层或分层不明显，树冠比较高。此形通常用于银杏、核桃等果树，苹果密植果园的金字塔形属于此类型的小型化类型。

二、疏散分层形

又叫主干疏层形。通常情况下第一层有 3 个主枝，第二层有 2 个主枝，第三层以上每层 1 个，排列比较疏散。我国的苹果、梨等果树过去常用此形。

三、小冠疏层形

又叫小冠半圆形。树高为 3～3.5 米，冠幅大约 2.5 米。通常情况下第一层有 3 个主枝，第二层有 2 个主枝，第三层可有可无，排列较疏散。此形是我国苹果、梨等果树现在的常用树形。

四、变则主干形

主枝螺旋排列在中心干上，不分层，顶端开心。这种树形

过去曾应用在苹果、梨树上，但是由于成形和结果较晚，现在很少再用。

五、多中心干形

果树的自主干直立向上，培养中心干约 2 个或 2 个以上。这种树形过去可应用于大砧木高接的银杏、香榧等果树，目前有些梨、橙等树还在应用。

六、圆柱形

这种树形在中心干上不再分生主枝，而在中心干上直接着生结果枝组。比较适合用于密植栽培。

七、自然圆头形

又叫自然半圆形。主干长到一定的高度短截后，任其自然分枝，并将过多的主枝疏除而成。目前多应用于常绿果树。

八、主枝开心圆头形

又称主枝开心半圆形。主枝 3 个自主干分生后，最初会使其开展斜生，等到长到 1.4 米时，让其与水平线呈 80°～90°角直立向上，在其弯曲处保留较大侧枝，使之向外开展斜生，因此就主枝配置来说，树冠是开心的。

九、多主枝自然形

此种树形靠近主干形成 4～6 个一二级骨干枝，且直线延长，根据树冠大小分生若干个侧枝。本形的主枝适当增加，可以充分利用空间，一般应用于除桃以外的核果类果树。

十、自然开心形

在主干的顶端分生 3 个主枝，斜生，且直线延长，在主枝侧面分生侧枝。一般应用于核果类果树，此外，梨、苹果等也有应用。

十一、丛状形

没有主干，从地面分枝成丛状。一般主要适用于灌木果树，一些核果类果树也有应用。

十二、纺锤灌木形

又称纺锤丛状形。类似于主干形，不同的是树冠较矮小。树高为 2.5～3 米，主枝不分层，均匀地分布在中心干上。此种树形主要应用于矮化苹果。现在各种纺锤形树形的应用较广泛。

十三、树篱形

树冠的株间相接，行间有些间隔，果树的群体成为树篱状。根据树篱横断面的形状，可分为长方形、三角形、梯形和半圆形。根据单株树体结构，又可细分为多种树形。树篱形适用于矮化栽培的果树，适用于机械化操作。

十四、自然扇形

类似于棕榈叶形，但不设支架，主枝斜生，向行向分布。干高 20～30 厘米，有 3～4 层主枝，每层有 2 个，与行向保持 15°夹角；第二层主枝与行向保持和第一层相反的 15°夹角，使上下相邻的两层主枝左右错开。

十五、棕榈叶形

目前最常用的篱架形就是此形，具体的树形有多种，苹果的棕榈叶形基本结构是，中心干上沿行向直立面分布主枝 6～8 个。主枝在中心干上的分布形态有两种，一种是较有规格的，叫规则式棕榈叶形；另一种是规格不严格的，叫不规则棕榈叶形。根据骨干枝在篱架上的分布角度，可分为水平式、倾斜式和烛台式等。其中倾斜式在葡萄上的应用一般称为扇形。

十六、单层或双层栅篱形

一般树体主要培养单层或双层主枝，然后将其近水平缚在篱架上。

十七、棚架形

蔓性果树常用此树形。

第二节　果树整形修剪的时期和方法

果树修剪的时期，主要分为休眠期修剪和生长期修剪。其中休眠期修剪又称为冬季修剪，生长期修剪又称为夏季修剪。

果树休眠期贮藏的养分比较充足，将地上部修剪后枝芽减少，将集中利用贮藏的营养，因此，新梢的生长加强，在剪口附近的顶芽长期处于优势。

春季在萌芽后修剪，萌动枝芽已将部分贮藏的营养消耗掉，如果已萌动的芽被剪掉，下部的芽就会重新萌动，使生长推迟，长势就明显削弱。同时，将先端的芽剪除后，剪口附近的芽长势的差别并不明显，从而提高了萌芽率，使新梢的数量增多，对于增加产量十分有利。

在夏季修剪时，树体贮藏的养分较少，而新叶的数量又会因修剪而减少，相同的修剪量，对树体生长的抑制作用相对较大，因此，修剪要从轻。

秋季进行修剪，树体的各个器官逐渐进入休眠期，并且进行养分贮藏，此时进行适当修剪能够紧凑树体，使光照条件得到改善，使枝芽充实，复壮内膛；而且将大枝剪除后，来年春天的剪口反应比休眠期弱，能有效地控制徒长。

一、生长期修剪

从果树的春季萌芽至落叶果树秋冬落叶前进行的修剪就是生长期修剪。其主要作用在于控制树形和促进花芽分化。此外，还能促进果树的二次生长，以加速整形和枝组的培养，提高果实品质，减少落花落果，减少生理病害，将果实的贮藏期延长。由于修剪的具体时期不同，因此可将生长期的修剪分为春季修剪、夏季修剪和秋季修剪三种。

(一)春季修剪

果树萌芽后至花期前后的修剪就是春季修剪。大多数果树的修剪都在这个时间进行，但是为防止伤流，葡萄不宜在早春修剪。春季修剪主要分为花前复剪、除萌抹芽和延迟修剪。花前复剪主要是调节花芽的数量来补充冬季修剪的不足，一般在花蕾期进行。由于有些果树的花芽不易识别，或在当地易受冻，因此可留待花芽萌动后进行春剪或春季复剪。除萌抹芽就是在芽萌动后，将枝干上的萌蘖和过多的萌芽抹去，这样就可以使养分集中，以减少养分的消耗。一般来说，除萌抹芽越早对果树越有利。对于一些树势旺、冬季未进行修剪的果树，一般用延迟修剪。春季萌芽后修剪，萌动的枝芽已经消耗了部分贮藏的营养，将萌动的芽剪掉后，下部的芽会重新萌动，将生长推迟，因此，延迟修剪可以削弱树势，提高萌芽率，比较适合成枝少、生长旺、结果难的树种、品种。特别注意的是，春剪的去枝量不宜过多，防止过于削弱树势。

(二)夏季修剪

在新梢旺盛的生长时期进行修剪即夏季修剪。此时树体贮藏的养分较少，又因修剪使新叶的数量减少，能有效地抑制树体的生长，因此，夏季修剪的修剪量应从轻。夏季修剪能够调节生长和结果的关系，促进花芽的形成和果实的生长；充分利用二次生长，将树冠进行调整和控制，对枝组的培养十分有利。但是在修剪中应根据具体情况采用具体的修剪方法，才能起到有效的调控效果，如可在新梢迅速生长期进行摘心或涂抹发枝素以促进分枝。夏季进行修剪的方法主要有摘心、剪梢、弯枝、扭梢、环剥、拿枝和化学修剪等，根据具体情况，灵活应用。夏季修剪对幼树、旺树尤为重要。

（三）秋季修剪

在秋季新梢停止生长后至落叶前的修剪即为秋季修剪。在这个时期，树体的各个器官开始进入休眠和进行养分贮藏。此时进行适当地修剪，能够紧凑树型，改善光照条件，使枝芽充实，复壮内膛。这个时候主要是剪除过密大枝，由于带叶修剪，使养分的损失较大，一般当年不会引起二次生长，第二年的剪口反应也比休眠期修剪的弱，对控制徒长十分有利一般幼树、旺树、郁闭的树比较适合进行秋季修剪，抑制作用比夏季修剪要弱，但是比冬季修剪要强。

总之，根据不同的树体状况以及在年周期中出现的矛盾不同，采取适当修剪措施非常重要。对于修剪的时期，应根据修剪的目的和所采取的方法而定，做到具体问题具体分析。

1. 修剪方法

（1）抹芽、疏梢　抹芽就是将生长早期没有用的新芽、嫩梢抹芽。在生长早期及时抹芽，可以防止其长成竞争枝、徒长枝。疏梢就是疏除无用的新梢。在5月下旬到6月上旬，疏除密生处的旺盛新梢，能够节省养分和改善光照；或者在9月下旬、10月中下旬，将大枝疏除或树冠落头，以减轻冬季修剪时疏大枝或落头后产生的不良反应。抹芽和疏梢可将无用枝条去掉，既能够改善树体光照，还能减少因冬季修剪时大量疏枝而造成的营养损失。

（2）摘心　将正在生长的新梢顶端的嫩头摘除。对那些能够利用而又需要控制生长的竞争枝、背上枝以及徒长枝，当它们生长到 40～50 厘米时，摘掉顶端 5～10 厘米的嫩尖，就是摘心。摘心能够削弱生长，促生分枝。也可以对生长旺盛的幼树的骨干枝的延长枝进行摘心，促进二次枝的生长，使中、短枝数量增加，以加快形成树冠。根据摘心的轻重可分为轻摘心、重摘心或者强摘心。摘心能够抑制枝条的生长，使营养物质转向生殖生长。如在花期和幼果膨大期对果台新梢进行摘心，促使新梢停止加长生长，因此能够减少营养和水分的消耗，以提高坐果率，增大果个。新梢生长后期（8、9 月份），要对还没有及时停止生长的新梢摘心，既能够促进花芽的进一步分化，将花芽的质量提高，又能够增加树体的营养积累，使树体的抗寒性增强，以减轻枝条冬季抽干。

（3）环剥或环割　就是剥掉一圈枝干的皮层（韧皮部）。这样就暂时中断了剥口上下有机营养的交换，能够有限度地将剥口以上部分的有机营养水平提高，促进花芽的分化；相应的，剥口以下部分的养分供应也减少了，对根系的生长发育不利，反过来又影响地上部的生长，因此十分有利于控势促花，有效地促进花芽形成，提高坐果率。但是，如果对果树连续多年进行环剥或环割，会导致树体早衰，或加重发生枝干轮纹病和腐烂病，使果实的商品性降低，因此在生产中一般不太提倡环剥。果树的环剥应注意以下问题：

①旺树、旺枝适宜环剥，而弱树、弱枝不能剥，否则会导致死树、死枝。

②5 月中下旬至 6 月上中旬为最佳环剥时期。

③剥口的宽度一般为 3～5 毫米，剥口的宽度可随着剥枝粗度增力口，但是最宽不要超过被剥树干或树枝直径的 1/10。剥口要整齐，并且要保护形成层不受损伤。

④不同品种的果树耐剥程度不同，有些果树为不耐剥品种，如元帅系的苹果品种等，要适当地留通道并加强对剥口的保护，

如缠裹塑料布等。

⑤应在枝干近基部的光滑处进行剥口，不能在分杈处剥，要离开大约5厘米。

(4)扭梢、拿枝　扭梢就是扭伤基部的旺梢，用扭的方法将新梢的生长方向改变。5月中、下旬是新梢旺盛生长时期，此时在新梢基部3～5厘米处，用手捏住新梢扭转180°～360°，并向下折倒，削弱其生长，促使其形成花芽。扭梢一般只适用于苹果、桃等果树；梨、山楂等果树的新梢质脆易断，不宜应用。所谓拿枝，就是用手对枝条或新梢从基部到顶部捋一捋，使木质部受伤，但是响而不折，使枝条或新梢低头转向，不再恢复到原来的着生状态，也叫捋枝。对于那些竞争枝、旺枝还有位置不当的其他枝梢，如果有空间可以利用，就可以将这些枝梢从基部开始，用手轻折，使木质部受伤，使之发出轻微的折裂声而软化，直到使新梢折平或者先端向下。拿枝能够控制新梢生长，促进生发短枝，对花芽的形成有力。拿枝最好在秋梢旺长期进行，不过也可在春季花芽萌动时进行。一般苹果树比较适用；梨、山楂等果树的枝梢质脆，很容易折断，因此多不应用。扭梢、拿枝都能够阻碍树枝中的碳水化合物向下运输和根系吸收的矿物营养向上运输，从而有效地缓和枝条的长势，促进短枝的生发，利于形成花芽。

(5)拉枝　拉枝就是用支杆或绳子等将枝条的角度改变，或者加大骨干枝的角度。拉枝通常在5～6月，用木棍将角度小的主枝的角度撑大，或用绳拉大。拉枝能够改善光照，使树势得到缓和，有效地促进花芽分化，使果树提早结果。其主要作用是：

①使主枝、结果枝组的枝势平衡，以促进花芽形成。

②将枝条的上下角度和摆布的方位进行调整，可以改善通风透光的条件，以提高果树的产量和品质。

③促进中短枝的形成，使枝条下部的光秃减少，有效结果

的部位增加。

④促进幼树的树冠扩大，使其早成形、挂果。

二、休眠期(冬季)修剪

对果树进行冬季修剪也要考虑多种因素，如树种特性、越冬性、修剪反应以及劳力安排等。由于树种不同，在春季开始萌芽的时间也不一样，如桃、杏和李等果树比较早，而苹果、柿、枣、栗等果树较晚，因此，有些大型的果园，果树面积大、树种比较多，若修剪人员不足，应根据具体情况恰当安排冬季修剪的时间。萌芽早可早剪，萌芽晚的可晚一些再剪。有些树种，如葡萄，如果修剪过晚，则会引起伤流，从而削弱树势，因此，葡萄适宜的冬季修剪时期应为深秋或初冬落叶后。核桃树适宜的修剪期是在春、秋两个季节，若在休眠期修剪，则会发生大量的伤流而将树势削弱。

对果树进行冬季修剪主要目的在于将病虫枝、密生枝和徒长枝、并生枝、过多过弱的花枝及其他多余枝条进行疏除，对骨干枝、辅养枝以及结果枝组的延长枝进行短截；或者更新果枝，将过大过长的辅养枝、结果枝组进行回缩；或将过分衰弱的主枝延长头，刻伤，然后刺激一定的部位，这样方便第二年转化成强枝、壮芽；冬季修剪还可以调整骨干枝、辅养枝和结果枝组的角度和生长方向等。

1. 修剪时期

从冬季落叶后至春季萌芽前所进行的修剪即为休眠期修剪。在休眠期，果树的树体贮藏着充足的营养物质，在修剪后由于枝芽减少，对集中利用贮藏养分十分有利，因此，当果树完全进入正常的休眠期以后、被剪除的新梢中贮藏养分最少的时候是果树在冬季修剪的最合适的时间。休眠期的修剪是对树冠整形和对果树的枝、芽、叶、花、果定向定位、定质定量的关键时期，可以促进树体在生长期生长的平衡、按比例结果。因此，在休眠期修剪主要是整形、调整树冠以及调整结果枝组的大小和分布，将密挤枝进行疏间或回缩，将病虫枝、密生枝和徒长枝疏除，控制果树的总枝量和花芽数，以改善光照条件，达到合理负载的目的。

2. 修剪方法

(1)短截　也称剪截，即将一年生枝剪短。根据剪去枝条的多少分为轻短截、中短截、重短截、极重短截，如果在环节盲芽处剪则称为戴帽短截。短截主要作用是提高萌芽力和成枝力，局部促发旺枝，有利于果树的营养生长，但却不利于花芽分化，削弱了生长量，如果短截过重会明显地将树体矮化。一般头枝、竞争枝和枝少空间大处的枝条多用短截。

①轻短截：即将一年生枝顶端枝条的一小部分 1/5～1/4 剪去，如只剪顶芽，或者剪先端的很少部分。由于轻短截剪枝非常轻，留芽比较多，容易造成养分分散，而且在剪口下的芽都是半饱满芽，因此，枝梢的长势不旺，短截后容易形成很多中、短枝，能有效地缓和长势、促进花芽分化。

②中短截：一般在一年生枝中将枝条全长的 1/3～1/2 剪去，主要在枝条中部的饱满芽处剪截。中短截留芽较少，营养比较集中，而且剪口下为饱满芽，因此，主要发生在较少、较强的枝梢，这样一来，长枝多而短枝少，母枝则加粗生长快。中短截适于增强骨干枝的延长枝长势。

③重短截：即将枝条的中、下部的 2/3～3/4 短截。此种方法短截较重，但是由于芽体小、芽的质量不高、发枝不是很旺，还有一些树种发枝弱，重短截一般多用在改造徒长枝和竞争枝、缩小枝组体积、培养小型枝组上。

④极重短截：主要是在一年生枝的基部留 1～3 个瘪芽进行短截。短截后一般发枝弱而且少，能够降低枝位，使枝类得到改造。如元帅系苹果，可以对其连续进行极重短截，以促生短枝结果。极重短截一般多用于对竞争枝补空或者对短枝型进行

修剪。

(2)疏枝(疏剪)　疏枝就是将一年生枝或多年生枝的枝条从基部齐根剪掉。根据疏去枝条的多少也可分为轻疏枝、中疏枝和重疏枝。疏枝主要是对过密枝、交叉枝、重叠枝、竞争枝、徒长枝、枯死枝、病虫枝等进行疏剪。疏枝时要注意，对于旺树的旺枝要做到去强留弱，弱树的弱枝则要去弱留强。疏枝的作用是：改善果树的通风透光条件，以增加花芽分化的数量和提高果实的品质；并且能够抑制伤口以上的枝梢生长，促进伤口以下枝梢生长，且伤口愈大、离伤口越近的枝梢受其影响愈大，其作用的范围比较短而且作用的程度也比较弱。如果疏剪过重，同样会抑制和矮化树体。

(3)回缩(缩剪)　一般是在多年生枝条的分枝处进行剪截。一般情况下，在剪口下留一壮枝，俗称留瓣。回缩的作用与短截相同，但是剪口留枝的强弱关系到其促进生长的效果。回缩主要应用于以下几方面：首先，将长势平衡，复壮更新，将多年生枝的前后部分和上下部分进行调节。其次，转主换头，使骨干枝延长枝的角度和生长势得到改变。第三，培养枝组，对萌芽成枝力强的品种先进行缓放然后回缩，形成多轴枝组。第四，改善光照条件，如整形完成后适当地落头，并且对一二层主枝间的大枝适当地进行回缩。另外，将枝组的长度缩短，使枝组内的小枝数减少，这样一来养分和水分就集中供应留下的枝条，有利于复壮树势。

(4)缓放　又称甩放、长放，即对一年生枝仅打掉不成熟的秋梢或者不做任何修剪。由于缓放枝没有剪口，因此，起不到局部的刺激作用，但能够减缓顶端的优势，促使枝条下部芽的萌发，提高了萌芽率，缓和了树枝的长势；由于枝条停止生长的时间早，养分积累的多，有利于形成花芽和结果。缓放适合幼树和应结果而未结果的旺树，这样能促进其提早结果。通常情况下健壮的平生枝、斜生枝以及下垂枝缓放效果好，直立枝下部容易光秃，应该配合刻芽和开角。长放又主要应用于培养结果枝，一般的中庸枝、斜生枝和水平枝也比较适合长放。背上有直立枝，顶端的优势强，母枝的增粗快，容易造成"树上长树"的现象，因此不适合长放；如果需要长放，应配合曲枝、利用夏季修剪等措施来控制生长势。

（5）刻芽（目伤）　刻芽是在果树萌芽前在芽上 0.5 厘米左右的位置，用小钢锯条在上面横刻一道痕，深达木质部。刻芽能够促进芽眼萌发抽枝，一般用于定位发枝。在同一枝上进行刻芽时，要注意上部芽的伤口稍浅，下部芽的伤口稍深。

第三节　嫁接时期及准备工作

一、嫁接时期

一般来说，一年四季都可以嫁接，只是不同时期、不同树种要用不同的方法而已。例如，冬季一般进行室内嫁接。春季室外嫁接时，早期由于砧木不离皮，不能用插皮接，一般用劈接、切接等；后期砧木能离皮，可用插皮接和皮下腹接等。在生长期，由于砧木粗细不同也要采用不同的嫁接方法。随着嫁接技术的改进，在嫁接时期的要求上往往不必过分严格。例如，春季嫁接时期可以提早，只要保证接穗伤口的湿度，到气温升高后也能长出愈伤组织，使嫁接成活。以前在生长季嫁接要求避开雨季。现在，用塑料条包扎，可以防止雨水浸入伤口，雨季也可以嫁接了。但是为了省工省料，并得到稳定的成活率，还是以在合适的气候条件下嫁接为好。

（一）春季嫁接

春季嫁接以枝接为主，也可以进行带木质部芽接。嫁接时期以在砧木芽已萌动、膨大，但开始萌发时进行为佳。这时气温回升，树液流动，根系水分、养分往上运输，但是并没有因发芽展叶而损失养分，这时有利于嫁接成活后，迅速生长。

各种树木芽的萌发时期不同。早萌发的应该早嫁接，晚萌发的宜晚接。这与不同树种生长愈伤组织需要的温度是一致的。例如山杏和山桃萌发早，其愈伤组织生长最适温度在 20℃ 左右；枣萌芽晚，其愈伤组织生长的最适温度在 28℃ 左右，因此杏、桃要早接，枣要晚接。由于全国各地气候不同，特别是山区小气候各不相同，因此很难提出一个合适的嫁接时期。但是，只要掌握物候期这个原则就可以了，即在砧木芽萌动时嫁接为最好。如果嫁接数量大，则在砧木即将萌动到发芽期嫁接都是合适的。

嫁接时，必须使用尚未萌动的接穗，因为萌发的接穗一般嫁接不能成活。这是由于芽的萌发已消耗养分，影响愈伤组织生长的缘故。为了保证嫁接成活，接穗必须及时冷藏起来，以防止它在嫁接时萌发。因此，前面讲的接穗贮藏，不仅为了保证嫁接时有足够数量的接穗，而且也是防止接穗在嫁接前萌发的有效措施。如果春季嫁接时期适当提早，接穗随采随接也是可以的，最好掌握在接穗即将萌动时嫁接。

必须指出，合适的嫁接时期不是完全以成活为标准的，还要考虑到成活后的生长情况。如果在砧木展叶后嫁接，由于气温高，愈伤组织能很快生长，成活率提高。但是砧木根系的营养，在大量展叶及开花时已消耗，甚至被耗尽。这时，砧木仍然可以用最后的力量使嫁接成活，但是成活后的接穗生长量大大减少，形成根冠失调，常常不能过冬而死亡。因此过晚嫁接是不合适的。

对于春季嫁接时期，以前要求很严格，强调必须在砧木芽萌发时嫁接。其原因是气温较高时嫁接愈合快，成活率高。老的嫁接方法很难保持接口湿度和保证接穗不抽干，如果嫁接过早，气温低，愈合慢，接穗就会在愈合成活之前抽干。塑料薄膜和蜡封接穗被应用于嫁接以后，可以保持接口的湿度及防止接穗抽干，因而嫁接时期可适当提早。提早嫁接，可以提前萌发，接穗生长时期长，恢复树冠快，能提早生长结果。这对高接换种来说是非常重要的。

(二)生长期嫁接

生长期嫁接的方法很多，芽接是最主要的方法。适宜芽接的时期比较长，一般宜在枝条上的芽成熟之后进行。如果芽接过早，芽分化不完全，鳞片过薄，表皮角质化不完全，所取芽片过软、过薄，嫁接时就难以操作。砧木太幼嫩也不易操作，嫁接成活率低。如果芽接晚、气温低，砧木和接穗形成层不活跃，表现出不易离皮，这时愈伤组织生长慢，也影响成活率。因此，生长期芽接的合适时间，应该在接穗开始木质化到砧木不离皮为止。在北方地区，应为5月下旬至9月上旬。

具体嫁接时期有2种：一是要求当年嫁接当年成苗，砧木一般是前一年培养的，或是早春在保护地培养后移入大田的，嫁接时期以在5月下旬至6月中旬为宜。二是要求当年嫁接后翌年成苗，嫁接时期一般在8月中旬至9月上旬。

以上芽接主要是离皮芽接，也可以采用带木质部芽接，嫁接时期可以更长。春季可以和枝接法同时嫁接，芽片则用1年生休眠芽。如果1年生枝前端芽已萌发，则可以利用后面未萌发的芽进行嫁接，这类芽接的时期比春季枝接要晚一些，一般在4月中旬至5月上旬进行。

南方常绿树的嫁接时期可以更长，一年四季都可以进行，但是还是以春、秋两季为最好。春季嫁接，在新梢生长之前进行，接穗用1年生枝上的芽，嫁接成活后即生长。秋季嫁接，在晚秋进行，采用当年生枝条的芽，接后芽不萌发，到翌年春季剪砧后萌发。春、秋两季嫁接，气温适宜，成活率高。

二、嫁接工具和用品

嫁接和动手术一样，需要特殊的工具和用品。

芽接刀适合进行芽接，切接刀适合进行切接。但这并不是说芽接时就不能用其他刀具，可以根据各地的习惯来选择刀具。如北方山区多习惯用小镰刀，在砧木锯断后要削平锯口，小镰刀使用最为方便，同时削接穗也很好削。但是无论什么刀具都必须锋利。

（一）刀具和手锯

刀具包括芽接刀、切接刀、电工刀、小镰刀、劈接刀、剪枝剪和手锯等工具类。要求锋利。刀不锋利，不但影响操作，减慢速度，而且由于削不平，会使接穗和砧木双方伤口接触不好，同时还会使伤口面细胞死亡增多，因而影响嫁接成活。手锯锯齿要左右分开，以防锯树时夹锯，影响操作。

（二）接穗切削槽（木托）

对于粗壮接穗以及木质很硬的接穗，切削很费力，往往不容易削平。可以将接穗放入自制切削槽内，使接穗固定，切削比较省力而且很容易削平，切削槽很容易制作。

（三）塑料薄膜

塑料薄膜对嫁接成活起到最为重要的作用。它能保持伤口的湿度和接穗不抽干。也能把接穗和砧木双方捆紧，使双方伤口形成层相接触。塑料富有弹性，短期内不影响嫁接成活后植物的生长。塑料薄膜柔软，比任何绳子或蜡线操作都方便。

塑料薄膜比较容易老化，破旧的塑料薄膜失去或减少了弹性和拉力，所以不能应用，必须要用新的。塑料薄膜有 2 种类型，一种伸缩性好，不易拉断。例如，用于嫁接的聚氯乙烯（PVC）薄膜，不但弹性好，而且自黏性好，可不必打扣即能黏上。另一种伸缩性差，易拉断。因此，嫁接时要选用前者。塑料薄膜在嫁接前，根据需要一般要剪成条状，芽接时要剪成宽 1～1.5 厘米、长 20～30 厘米的塑料条。在砧木较细时，一般用宽 1 厘米、长 20 厘米的塑料条为宜；砧木较粗时则用宽 1.5 厘米、长30厘米的塑料条。枝接时要剪成宽度为砧木直径的1.5倍、长40～50厘米的塑料条。如果宽度小于砧木直径，则不能包严接口处而漏风，不能保持湿度。所以，宽度一定要超过砧木直径。但是也不必过宽，长度也和砧木直径呈正相关，可保证捆绑严而操作方便，且不浪费塑料条。在高接换种时，砧木接口粗细往往不一致，所以塑料条的长度和宽度最好具有2～3种。对于接口粗的要用较宽、较长的塑料条，对于接口细的要用较窄较短的塑料条。

用套袋法，待接穗萌发后要将塑料口袋剪一个口，以利于通气和降温，让芽生长出来。有些地方不用塑料口袋，而是用地膜将接口连同接穗一起包起来，这种方法操作方便，接口能保温、保湿，但必须用超薄地膜，可使接穗芽顶破薄膜而生长出来。

园林植物、盆景和盆栽果树，以及仙人掌类植物嫁接时，接后可用一个大的塑料口袋套起来。庭园中丛生的蔷薇，春季可以嫁接成具有多个颜色的多头月季，然后也可以用一个大的塑料口袋罩起来，以起到保湿、保温及增温的作用。这样省工省料，嫁接成活率还高。

三、接蜡

长期以来，我国农民习惯在嫁接口抹黄泥，而国外习惯用接蜡。接蜡能控制伤口水分蒸发，对伤口起保护作用。由于塑料薄膜的应用，一般嫁接就不必用接蜡，因为塑料薄膜能起到控制伤口水分蒸发和保护伤口的作用，同时又能起到固定作用，促使砧木、接穗伤口紧密接触。但是笔者体会，对于大砧木上选用的皮下腹接，以及挽救垂危古树的桥接等嫁接，由于接口部位砧木很粗，无法用塑料条捆紧、扎严，而涂抹接蜡，则是一个最有效的方法。

接蜡有2类，一类是热接蜡。在使用前需要加热软化，然后用以涂抹伤口。另一类是软接蜡，使用时不需要加热，直接涂抹在嫁接伤口处，捏紧就行了。这里介绍两种使用方便的软接蜡的制作方法。由于其柔软程度不同，因而分别具有不同的成分，而且制作方法也不同。

第一种，松香4份＋蜂蜡2份＋动物油1份。制作时，先熔化动物油，然后加入蜂蜡，完全融合后再加入松香。当三者全部熔化在一起后，将这些混合液倒入盛有冷水的容器内，冷却后取出，用手揉捏，直至变为淡黄色为止，然后做成小球，用蜡纸或塑料薄膜包裹，贮存备用。

第二种，松香4份＋蜂蜡1份＋动物油2份。制作方法和前面一样。由于动物油的比例提高，这种接蜡比较软一点，操作方便，但在气温很高的烈日下易过于软化。动物油一般可用猪油，如用牛油则硬度大一点。

以上2种软接蜡，在天气冷时以用第二种为好，温度较高时，以用第一种为好。在采用皮下腹接和桥接嫁接方法时，伤口用接蜡堵住即可，使用很方便。

第四节　果树嫁接方法

一、芽接

芽接是用一个芽片作接穗。优点是操作方便，嫁接速度快、效率高。砧木和接穗的利用比较经济，当年生砧木苗即可嫁接，而且容易愈合，接合牢固，成活率高，成苗快，适合于大量繁殖苗木。芽接的适宜时期长，且嫁接当时不剪断砧木，一次接不活，还可进行补接。

芽接时期因地区不同稍有差异。河南、山东、安徽、江苏等省的黄河故道地区，一般从6月上旬即可开始芽接，一直可持续到9月上旬，但以7月下旬至8月中旬芽接最好。

（一）"T"字形芽接

芽接时先削取芽片，再切割砧木，然后取下芽片插入砧木接口，及时绑缚。芽接多采用"T"字形芽接法，见图2-1。

图2-1 "T"字形芽接

1—削取芽片；2—取下的芽片；

3—插入芽片；4—绑缚

在接穗中段选取充实饱满的芽子。削取接芽时，在接穗芽子上端0.4～0.5厘米处横向切一刀，深达木质部，再在接牙的下方1～1.5厘米处由浅至深向上推，削到横向刀口时，深度约0.3厘米，剥取盾状芽片；然后在砧木距地面5～10厘米处选择光滑部位用芽接刀切开1厘米长的横口，深达木质部，然后在横口中央向下切2厘米长的竖口，成"T"字形，再用刀尖轻轻剥开两边的皮层，将削好的芽片插入砧木的接口内，使芽片上端与砧木横向切口紧密相接，用宽1厘米左右的薄的塑料薄膜绑缚严密，只露出叶柄。

接后10～15天，检查成活情况。凡叶柄一碰即落就是成活芽，可随即解除绑缚物，以免影响砧木继续加粗生长。凡叶柄僵硬不易脱落者就是未成活芽，要及时进行补接。

(二)方块芽接

方块芽接(图 2-2),此法成活率高,成活率可达 90%以上,各地应用较多。

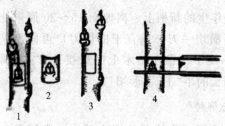

图 2-2　方块芽接

1-削芽片;2-取下的芽片;3-砧木切口;4-双刀片取芽片

1. 砧木处理

实生核桃苗高度在 30 厘米以上的,在苗木萌芽前,一律将实生苗在离地面 10 厘米左右处剪断,萌芽后每株留 1 个壮芽,其余新芽一律抹去。

2. 嫁接时间

嫁接最佳时期为平均气温 24~29 ℃的时期,一般为 5 月 20 日~6 月 20 日,温度过高过低都不利于嫁接愈合。

3. 接穗采集

在生长健壮、无病虫害的母株上,选择平直、光滑、芽体饱满、叶柄基部隆起小、直径在 1.0~1.5 厘米的新梢剪下,去掉叶片,保留 1.5~2.0 厘米长的叶柄,在保湿条件较好的地方存放备用,最好现采现用。

4. 取接芽

在采好的接穗上选择充实、饱满的芽体,最好选择接穗中部接芽,先用刀平切去掉叶柄,然后在芽体的上、下各横切一刀,间距 3~4 厘米、刀口长 2 厘米,在芽体两侧各纵切一刀,成长方形切块。用大拇指压住切好的长方块形接芽的一侧，逐渐向偏上方推动，将接芽取下，取下的接芽要带有维管束。

5. 开切口

在砧木当年生的新梢上、离地面 15～20 厘米处选光滑的部位，先在下面横切一刀，垂直于横切刀口再向上纵切一刀，用取下的芽块作尺子，靠在砧木上的嫁接处，在上端横切一刀，开出与接芽同长的半"工"字形切口。

6. 嫁接与绑缚

撬开砧木皮层，将接芽片嵌入其中，撕掉多余的皮层。动作须迅速，尽量缩短接芽在空气中的暴露时间。然后，用 1.5 厘米宽的塑料条进行绑缚，使接口密封、接芽贴紧砧木，并将叶柄处包严。

7. 剪砧木

在接芽上部保留 2～3 片复叶，剪除砧木上部其余枝叶，并将剩余部分叶腋内的新梢和冬芽全部抹掉。

8. 接后管理

接后 15～20 天，接芽开始萌发，要及时解绑，以利接芽生长。当接芽新梢长到 30 厘米左右、有 4～5 片复叶时，将砧木从接芽以上全部剪掉。此后，要及时抹除从砧木上萌发的大量新芽。当接芽新梢长到 40～50 厘米时，要及时设立支柱，固定接穗，以防风折。

（三）带木质部芽接

带木质部芽接（图 2-3），在砧木不离皮时采用；削取接穗时先从芽的上方 1 厘米处向芽的下方斜削一刀，深入木质部，长 2 厘米；再在芽的下方 0.5 厘米处向下斜切一刀，深达第一刀处，长为 0.6 厘米，取下芽片；砧木切口方法与削取接穗取芽方法相同略长，将芽片镶入，绑紧，春接的要在接芽上方 2 厘米处剪砧；秋接的在来年春季发芽前剪砧。

图 2-3　带木质部芽接
1-削接穗；2-带木质芽片；3-插入

（四）套芽接（环状芽接）

要求砧、穗均易离皮，由于套芽接接触面积大，易于成活，在春季树液流动后进行。常用于 T 字形芽接或带木质部芽接不易成活的树种，如核桃、柿等。操作方法较复杂。先从接穗枝条芽的上方 1 厘米左右处剪断，再从芽下方 1 厘米左右处用刀环切，深达木质部，然后用手轻轻扭动，使树皮与木质部脱离，抽出管状芽套。再选粗细与芽套相同的砧木，剪去上部，呈条状剥离树皮。随即把芽套套在木质部上，对齐砧木切口，再将砧木上的皮层向上包合，盖住砧木与接芽的接合部，用塑料薄膜条绑扎即可。套芽接见图 2-4。

二、枝接（硬枝接）

枝接就是把带有数芽或一芽的枝条接到砧木上。枝接的优点是成活率高，嫁接苗生长快。在砧木较粗、砧穗均不离皮的条件下多用枝接。根接和室内嫁接也多采用枝接法。与芽接相比，操作较复杂，不易掌握，而且枝接用的接穗多，对砧木要求有一定的粗度。常见的枝接方法有劈接、切接、插皮接、腹接和舌接等。

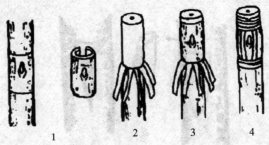

图 2-4　套芽接

1-取芽片；2-削砧木；3-结合；4-包扎

在华北地区硬枝接一般在树液开始流动至萌芽展叶期（3 月上旬至 4 月下旬）进行。枝接方法有劈接、插皮接、切接、腹接、皮下接等。嫁接时要选择节间长短适中、发育充实的一年生枝做接穗。刀要快，操作要迅速，削面长而平，形成层要对齐，包扎紧密。

（一）劈接法

常用于较粗大的砧木或高接换种。

砧木在离地面 6～10 厘米处锯断或剪截，断面须光滑平整，以利愈合。从断面中心直劈，自上向下分成两半（较粗的砧木可以从断面 1/3 处直劈下去），深 3～5 厘米。接穗长度留 2～4 芽为宜，在芽的左右两侧下部各削成长约 3 厘米的削面，使成楔形，使上端有芽的一侧稍厚，另一侧稍薄。然后将削好的接穗，稍厚的一边朝外插入劈口中，使形成层互相对齐，接穗削面上端应高出砧木劈口 0.1 厘米左右。用塑料薄膜绑缚严密。在北方干旱地区，为防水分散失影响成活，可用蜡涂封接口或培土保湿。

（二）切接

1. 削接穗

取有 2～4 个饱满芽的接穗，先削一长 4～5 厘米的长削面，再在长削面的对侧，削一长 0.5～1 厘米左右的短削面，形成一长一短的两个削面，削面要平滑。

2. 切砧木

在砧木的欲嫁接部位选平滑处截去上端，截面削平。选树皮平整光滑的一侧，在截口的边缘向下直切，切口长度与接穗的长削面相适应，切口两侧的形成层尽量与接穗的形成层等宽。

3. 插接穗与绑缚

将削好后的接穗的长削面向内插入砧木切口，使两者形成层两侧或一侧对齐，削面露白约 0.5 厘米。最后用塑料条把接口包严捆紧。切接过程见图 2-5。

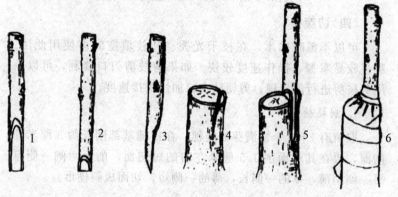

图 2-5　切接过程
1-接穗一面长削面；2-接穗对面短削面；3-接穗侧面；
4-砧木截口的边缘向下直切；5-削好后的接穗的长削面向内插入砧木切口；
6-绑缚

（三）插皮接

当砧木较粗大，皮层较厚，易于剥离时，可行插皮接。自砧木断面光滑的一侧将皮层自上而下竖划一切缝，深达木质部，长 3 厘米左右。接穗末端削成较薄的单面舌状削面。将削好的接穗，大斜面向木质部，慢慢插入皮层内。在插入时，左手按住竖切口，防止插偏或插到外面，插到大斜面在砧木切口上稍微露出为止。然后用塑料薄膜绑缚，见图2-6。

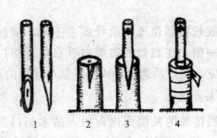

图 2-6　插皮接

1-接穗；2-砧木开口；3-插入接穗；4-包扎

（四）切腹接

可以不截断砧木，在枝干光秃、补枝填空时多使用此法。腹接较易掌握，操作速度较快。如果剪枝剪刀口锋利，可以只用剪枝剪进行削接穗、剪切砧木，加快嫁接速度。

1. 削接穗

取留有 3～4 个饱满芽的接穗，在接穗基部削长约 3 厘米的削面，再在其对面削 1.5 厘米左右的短切面，削面两侧一侧厚另一侧稍薄，厚的一侧长，薄的一侧短，切面成斜楔形。

2. 切砧木

在欲接部位选平滑处向下斜切一刀，切口长约 4 厘米，刀口深度达砧木粗度的 1/2～2/3。

3. 插接穗和绑缚

将削好的接穗插入砧木切口中，使大斜面朝内，小斜面朝外，使接穗较厚一侧的形成层与砧木形成层对齐，最后用塑料条将接合部包严捆紧。见图2-7。

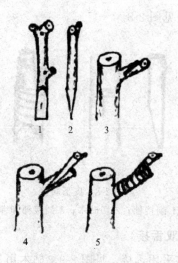

图 2-7　切腹接

1-接穗削面(正面)；2-接穗削面(侧面)；3-砧木嫁接处切口；

4-砧木与接穗接合状；5-绑扎

(五)皮下腹接

要求砧木离皮。

1. 削接穗

在接穗下部削一个 4～5 厘米长的平直削面，再在其对面削一个 0.5～1 厘米的小削面。

2. 切砧木

在砧木的欲嫁接部位，选光滑无疤处切一"丁"字形切口，横切口与接穗削面宽度相当，纵切口略短于接穗削面，深达木质部，如果树皮太厚，可在"丁"字形口的上面削一个半圆形的斜面，便于接穗插入和接合紧密。也可用竹签插入"丁"字形接口然后拔出，这样接穗易于插入。

3. 插接穗和绑缚

将接穗插入，大削面向内。用塑料条将接合部包严捆紧。

皮下腹接过程，见图 2-8。

图 2-8　皮下腹接

1-削接穗；2-切砧木；3-插接穗和绑缚

（六）舌接（双舌接）

室内枝接多采用舌接，见图 2-9。砧木用 1～2 年生实生苗，基部粗度 1～2 厘米，起苗后，于根颈以上 10～15 厘米平滑顺直处剪断，根系稍加修剪。

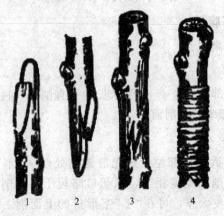

图 2-9　双舌接示意图

1-砧木；2-接穗；3-插合；4-绑缚

选用与砧木粗细相当的接穗，剪成 15 厘米左右，带有 2～3 个饱满芽的枝段。砧木上端与接穗下端各削成 5～8 厘米长的大削面，在砧、穗斜面上部 1/3 处分别纵切一刀，深 2～3 厘米，接舌适当薄些，否则接合不平。削好后立即插合，并尽量使形成层对齐。砧、穗粗度不一致时，要求对准一边形成层，最后用塑料绳捆紧绑牢，以免装土时碰歪。嫁接完后，先用高度 25 厘米、直径 10 厘米的纸袋扎紧，然后装入湿度为 16% 左右的湿土，基本压实，最后用直径 15 厘米、高度 30 厘米的专用聚乙烯薄膜袋，从上往下套住，在纸袋下口扎紧。若为蜡封接穗嫁接法，则在嫁接完成后，直接用塑料条把接口部位包扎严密，并绑紧。4 月中旬将嫁接好的植株定植于大田，烧水后 2～3 天覆盖地膜。

（七）插皮舌接

插皮舌接方法见图 2-10。

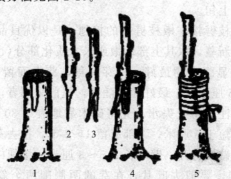

图 2-10　插皮舌接示意图

1-削砧木（露出皮部）；2-削接穗；3-捏开接穗削面皮层；4-插入接穗；5-绑缚

在砧木适当部位锯断（剪断），将断面用刀削平。然后将蜡封好的接穗下端削一大削面（刀口一开始要向下切凹，并超过髓心，然后斜削），长 6～8 厘米。每一接穗保留 2～3 个芽。以手指将削面顶端捏开，使木质与皮层剥离。在砧木切面上选择树干光滑的一面，用刀切一月牙形，并用刀将砧木皮层上的粗皮轻轻削去，露出绿皮，月牙宽度 0.8～1 厘米、长 5～7 厘米，

再把接穗的木质部插入砧木的木

质部与皮层之间，使接穗的皮层紧贴在砧木皮层外面的削面上。用加厚地膜由下至上包扎，直至缠到接穗顶部。

三、嫩枝嫁接（绿枝嫁接）

是利用果树当年半木质化的新梢作接穗进行嫁接，此方法具有接穗和砧木切削容易、工效高、嫁接适期长、繁殖速度快、嫁接成活率高等优点，主要有嫩枝劈接、嫩枝插皮接、嫩枝靠接等。

嫩枝嫁接一般以 5 月下旬至 6 月下旬为宜，太早枝条过嫩，嫁接成活率低，过晚接芽萌发所抽生的新梢生长时间短，在秋季不能正常成熟，影响安全越冬。葡萄嫩枝嫁接的适期是 6 月中旬至 7 月上旬。

葡萄嫩枝劈接：嫩枝劈接的接穗，是以优良品种的正在生长的当年生新蔓，取其上部幼嫩或未木质化部分（也可用副梢），以夏芽已明显膨大的最好，一芽一穗，芽上面留 1.5 厘米长，芽下留 3～5 厘米长，最好随采随接，提前采穗者，时间不应过久，要特别注意防止失水。先将砧木靠地表约 30 厘米处剪断，剪口距芽不短于 5 厘米，下部应留 1～2 节，挖去芽眼，保留叶片。然后将砧木劈开，劈口长 2.5～3 厘米。接穗的削法与一般劈接法相同，要剪去叶片，在芽的两侧削两个斜面，斜面长 2.5～3 厘米。把削好的接穗轻轻插入砧木劈口中，形成层要对齐，再用宽 1 厘米、长 30 厘米的塑料薄膜条由下往上缠绕，至接口顶端时再反转向下缠绕，将砧木、接穗仁所有的劈削部分全部缠绕严密。为减少水分蒸发，有的地方将接穗顶端的剪口用塑料布条扎住或用其他方法封住。

第三章 果树树体结构与结果枝组培养

第一节 果树群体结构与树体结构

一、果树群体结构

果树群体由果树个体组成，随着果树栽植密度的提高，果树群体特性的重要性越来越凸显，因此，在修剪中必须考虑果树群体的结构特点。

（一）果树群体类型

根据株间叶幕是否连续可分为不连续和连续两大类型（图 3-1）。

（1）不连续型 植株密度小，树冠之间有一定间隔，其株间是相对独立的，叶幕是不连续的。对于这种类型，整形修剪应以单株为主，修剪时主要从树冠大小、形状和间隔考虑株间距对光照的影响。

不连续型　　　连续型（上图树篱形，下图篱壁形）

图 3-1　果树的群体叶幕

（2）连续型 栽植密度大，株间叶幕相连。根据栽植方式不同又可分为 5 种情况。单行篱栽，株间叶幕相连，而行与行之间保持一定的距离，叶幕不相连，对于这种类型应以一行为单位进行修剪。双行篱栽，是以两行为一个树篱的宽窄行栽植，相邻两个窄行的行间和株间的叶幕相连，而相邻两个宽行间的叶幕不相连，修剪时应以两行为一个单位。多行篱栽，以数行为一个树篱进行栽植，在树篱内叶幕相连，修剪时应以一个树篱为单位。草地果园，即高密度果园，其叶幕相连性很强，多采用机械化修剪。多株穴栽，在一个穴内栽植数株，应以穴内的数株为一个单位进行修剪。

（二）果树群体的发展

果树群体的发展是一个动态变化过程，它与栽植密度、一年内不同时期的生长和树龄有关。

（1）密度增大后群体的发展　随着密度的增大，虽然早果性和早丰产性得到了增强，但叶幕的连续性也越来越强，在树体长至一定大小后，易出现果园群体郁闭、树冠内部受光量小、病虫害加重、果实品质差等问题，为解决这些问题，在整形修剪上应注意降低树高和骨干枝的比例，缩小树冠，减少枝叶量，减小叶幕厚度。

（2）不同树龄和不同季节群体　叶幕的发展幼树，冠小枝少，叶幕薄且小，株间空隙大，为尽早地多利用光能，应通过多留枝、促发枝、提高叶面积指数和树冠覆盖率，加速群体形成和提早结果。随着树龄的增长，树冠增高增大，枝叶量增多，虽然截获的有效光合辐射越来越多，但如果叶幕过厚，内膛和冠基的光照条件恶化，产量和果实品质都会下降。为保证足够的光照和方便操作，应注意控制树高和冠径，降低枝条密度，尤其是要减少外围枝量，保持适宜的冠间距和树冠覆盖率（果园整体树冠垂直投影面积与土地面积之比），如篱栽苹果树适宜的树冠覆盖率为 $50\% \sim 60\%$，长方形栽植的自然形苹果树为 $75\% \sim 90\%$，冠基受光强度为自然光强的 40% 以上。

一年内，果树的群体结构也随季节的不同而发生变化。从春季到秋季，叶幕逐渐形成和加厚，尤其是一年多次发枝的树种如桃等表现得更为明显。所谓的合理树冠间隔和果园覆盖率是指一年内果园群体叶幕形成后的指标，对于大多数北方落叶果树而言，果园群体叶幕的形成多在6～7月份，如果此时果园覆盖率过大、树冠间隔过小，则应通过夏季修剪给予及时控制。

（三）丰产果园的群体结构特点

单位面积的产量取决于植株的群体生产能力，因此，高产稳产要有良好的群体结构。丰产稳产优质果园的覆盖率在70%左右，行内株间树冠交叉率不超过10%，树高为行距的2/3左右，行间树冠间隔在0.6米左右。单位面积上的留枝量与产量和果实品质有着密切关系，在一定范围内，随着枝量的增加，产量和果实品质相应提高，但超过适宜范围后，树冠内枝叶相互密挤，遮风挡光，产量和品质反而会下降。调查结果表明，烟台地区优质丰产苹果园的适宜留枝量为87976～88872条/亩（1亩=666.7平方米），枝组数量为1.9万～2.1万个，其中，小型枝组占46.5%～48.7%，中型枝组占25.4%～26.2%（路超等，2009）。在河南省伏南山区自然条件下，盛果期金冠苹果适宜留枝量为6万～8万条/亩，长枝、中枝和短枝分别占总枝量的10%～20%、10%～20%和60%以上（马绍伟等，1994）。棚架黄金梨的适宜留枝量为42.95万条/公顷，长枝、中枝和短枝比例分别为2.61%、6.59%和90.8%。大樱桃丰产园留枝量为6万条/亩，短枝和花束状果枝占总枝量的95%以上。板栗丰产园单位冠幅面积强枝量为30条/米^2，强母枝量为28条/米^2，果枝量为17条/米^2。叶面积指数（单位土地面积上的总叶面积）与光能利用率和树体光合生产能力有关，多数果树适宜的叶面积指数为4～5，指数小，截获的有效光合辐射少，制造的光合产物少，产量低；指数过大，叶片过多相互遮阴，功能叶比率低，产量和果实品质下降。

二、果树树体结构

乔木果树的地上部包括主干(树干)和树冠两部分。树冠由中心干、主枝、侧枝和枝组构成。中心干、主枝和侧枝是树冠的骨架,又称为骨干枝(图3-2)。

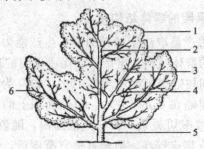

图 3-2　果树树体结构
1-树冠；2-中心干；3-主枝；4-侧枝；5-主干；6-枝组

(一)主干

主干是指地面至第一主枝之间的树干部分。主干高度又称为干高。高干,果园通风好,地面管理方便但易遭风害,根与树冠的营养运输距离大,而且树干消耗的营养多,树势易弱,单位面积产量低。矮干,树干消耗的营养少,树冠形成快,树势强健,结果早,单位面积产量高,树冠管理方便,有利于防风、防积雪、保温、保湿,但不利于地面管理,果园通风差。随着矮密栽培的发展,目前多趋向于矮干,但情况不同也应有所区别。树性直立干应矮,树姿开张干应高;稀植树干应高,否则应矮;大陆性气候和风大的地区干应矮,海洋性气候干应高,有利于通风透光,减少病害的发生;山区干应低,平原可适当高些;进行果粮间作、实行机械化操作,干应高。丛状形果树和扇形整枝的葡萄则宜无主干。

（二）树冠

树干以上着生枝条的部分统称为树冠，是果树的主体部分。

1. 树冠的体积

树冠的体积由冠高和冠径决定。树冠高大，虽然可以充分利用空间，立体结果性好，单株产量高，经济寿命长，适应性强，但树形和群体叶幕形成慢，早期光能利用率低，结果晚，有效容积和叶面积指数小，叶片、果实与吸收根距离远，枝干所占比例大，非生产性消耗多，向经济器官分配的营养少，经济系数低，修剪、采果、打药等管理不便，费工，风大时也易引起落花落果。采用小树冠，进行矮化密植栽培，单位面积栽植植株多，达到适宜群体覆盖率的时间短，土地和光能经济利用率高，有效容积大，叶片曝光率高，骨干枝所占比例小，营养制造和向经济器官分配的营养多，进入结果期和盛果期早，单位面积产量高，果实成熟早且品质好，树冠管理方便，劳动效率高。因此，矮化密植栽培比稀植大冠栽培具有更多的优越性。

2. 树高、冠径和间隔

树高、冠径和间隔决定着劳动效率、机械化管理水平和对光能的利用，但重点考虑的应是对光能的利用，即：在生长期，使树冠每一部分的受光量都能达到自然光强的 30％ 以上。由于在整个树冠中基部的受光量最少，因此，应以满足冠基光照为准。影响冠基光照条件的因素有树冠厚度和影射角。大多数研究者认为，在我国树冠厚度以 2.5m 左右较好。影射角是指树行冠顶和邻行冠基连线与水平面的夹角。在一个地区，纬度和影射角不变，树高、冠径和间隔之一的改变就会影响其他两方的改变，因此，必须对三者综合考虑。在我国北纬 40° 的果园，影射角应是 51°，如果行距为 4m，篱下宽应是 2m，冠倾角应是 77°～80°。

3. 树冠形状

树冠形状大体上可分为自然形（圆头形）、扁形（篱架形、树篱形）和水平形（棚架、盘状形、匍匐形）三类，群体有效体积、树冠表面积以扁形最大，在解决密植与光能利用、密植与操作的矛盾中也以扁形最好。其次是自然形。因此，扁形是当前推广的主要树冠形状。虽然水平形树冠产量低，但在树冠受光量和果实品质上以水平形最好，并适于密植，而且结果早，管理方便，效益高。目前，新西兰和美国在苹果、梨和树莓上水平形已获成功，我国一些果园在梨、李和杏树上已进行栽培试验。

4. 树冠结构和叶幕配置

叶片能明显减少光合辐射，如日光通过一张巨峰葡萄叶片光合辐射只剩下 9%～9.5%，通过一张廿纪梨叶片只剩下 3.2%，通过一张富有柿叶片剩下 2.1%，通过一张核桃小叶剩下 2.5%。叶的排列方式与叶幕配置方式与光的利用和可达到的叶面积指数有很大关系，如叶片水平排列时，叶面积指数最大为 1，如果叶片均匀地垂直排列，叶面积指数可达到 3，而若叶片呈丛状均匀地垂直分布，每丛中有 3 片叶，叶面积指数则可达到 9。由于叶是在枝上着生的，而且着生的角度变化不大，因此，对光的利用率取决于枝在树冠中的分布和着生情况即树冠结构。树冠分层、枝呈圆锥形或三角形分布、叶片丛生可以提高对光能的利用率。

（三）中心干

中心干是指在树冠中主干的垂直向上延伸部分。有中心干的树形可使主枝在中心干上分层着生，有利于立体结果和通风透光。但有中心干的树形往往树高冠大，从产量分布来看，第一层主枝负担 70% 左右的产量，其上部分只负担 30% 左右的产量，同时上部对下部的光照也有一定的影响，不利于果实品质的提高，因此，应注意控制树高和冠径，必要时可采取延迟开心的方法改善下部的光照条件。目前市场上对果实品质的要求越来越高，为了生产出优质果品，一些国家如日本，在树龄达到 10～12 年时，去除中心干将树形改造为开心形，因为开心形树形，树冠矮，光照好，有利于生产高档优质果。

（四）骨干枝

1. 数量

由于骨干枝起着支撑枝、叶、果实和使树冠达到一定大小的作用，保留一定的骨干枝是有必要的，但骨干枝是非生产性枝，因此，在枝条能占满空间的情况下，骨干枝越少越短越好，以减少对养分的消耗，这就是在修剪中常说的"大枝稀、小枝密"的原因之一。在一株树上应配备多少骨干枝应根据具体情况来定，树冠大骨干枝应多，否则应少；植株发枝力弱，骨干枝应多，否则应少；幼树可多，成龄树应少；边行树以及坡地树和果粮间作的树可适当多些。

2. 延伸方式

直线延伸，树冠扩大快，生长势强，不易早衰，但容易出现上强下弱、前强后弱现象，树体下部和骨干枝的后部光照差，发枝力弱。弯曲延伸，骨干枝中后部发枝能力强、充实，不易出现光秃现象，但易早衰，修剪量大。对于生长势强、特别是易出现上强下弱的树种、品种，如苹果中的华冠、乔纳金等苹果品种，骨干枝易出现后部光腿，应让其弯曲延伸；生长势弱的，如短枝型品种应让其直线延伸。

3. 主枝角度

包括基角、腰角和梢角（图 3-3）。角度的大小对树体长势、结果早晚、负载量的大小都有很大影响。基角和腰角角度小，生长势强，枝条生长量大，寿命长，但树冠容易郁闭，花芽形成难，负载量小，产量低，后期树冠下部易光秃；角度大，树势缓和，有利于营养的积累，成花易，产量高，但易早衰，寿命短。梢角主要影响主枝的长势。角度小，有利于维持枝势；角度大易早衰。在整个主枝上，基角和腰角应大，如苹果可保持在60°～90°，梢角应小，可保持在45°～60°。

图3-3　主枝分枝角度
1-基角；2-腰角；3-梢角

4. 尖削度

是指骨干枝基部与先端粗度的差异程度，差异程度越大，尖削度越大。一般来讲，尖削度越大，负载量越大。但尖削度与分枝的多少、分枝的长势和间距有关，如果分枝过多、过近、过旺，易出现"卡脖"现象，枝条的粗细出现陡变也会使陡变处前面部分的负载量下降。

（五）主从关系和树势均衡

所谓的主从关系是指各级各类枝条在长势、粗度和高度上不能强于、粗于和高于它所着生的母枝，从属关系分明，树体结构牢固，负载量大，一般来讲，骨干枝的直径与其着生母枝直径之比不宜超过0.6。密植果园，采用有中心干树形时，必须保持强中心干弱主枝，主枝与着生中心干处的直径之比可保持在1/3～1/2之间。

树势均衡是指同层次同级骨干枝之间的生长势、粗度和高度差别不大，保持相对平衡，如小冠疏层树冠中的基部三个主枝。

（六）辅养枝

是着生在中心干上的临时性枝。在幼树期应多留，以充分利用空间和光能，扩大树冠，增加结果部位，但应注意开张角度，缓和长势，利用其提早结果，增加产量。随着树体枝叶量的增多，影响骨干枝生长时，应及时压缩改造成枝组或逐年将其疏除。

第二节　结果枝组的培养

结果枝组又称为枝组、枝群或单位枝，是由骨干枝上分生出的着生叶片和开花结果的独立单位，起着制造营养和开花结果的重要作用。因此，合理培养、配置和更新复壮枝组是防止发生大小年和出现光秃现象、保证高产稳产优质的重要措施。生产上常说的"大枝稀，小枝密"中的小枝指的就是枝组，因此，在保证树冠通风透光良好的基础上，应多留枝组。

一、结果枝组的类型

（一）按大小分

根据枝量的多少、枝组占据空间的大小，通常将其分为小型枝组、中型枝组和大型枝组三种类型（图3-4）。小型枝组是指分枝数量在2～5个之间，直径在30厘米以内的枝组；中型枝组是指分枝数量在6～15个之间，直径在30～60厘米之间的枝组；大型枝组是指分枝数量为16个及其以上，直径在60厘米以上的枝组。

小型枝组枝少体积小，形成快，易控制，结果早，有利于通风透光，可以见缝插针、填补空间，但有间歇结果、寿命短和不易更新等缺点；大型枝组分枝多，生长势强，易更新，寿命长，但形成慢，结果晚，体积大，不易控制；中型枝组的优缺点介于小型枝组和大型枝组之间。

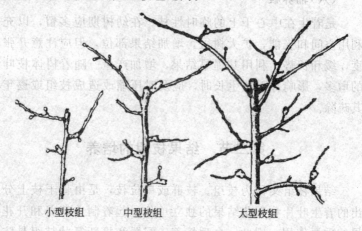

小型枝组　　　中型枝组　　　　大型枝组

图 3-4　结果枝组的类型

（二）按着生位置和姿势分

根据枝组在骨干枝上着生的位置和姿势，可将其分为背上枝组、侧生枝组和背后枝组三种类型（图 3-5）。

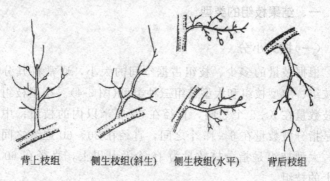

背上枝组　　侧生枝组(斜生)　　侧生枝组(水平)　　背后枝组

图 3-5　结果枝组的姿势

背上枝组生长势强，寿命长，不易控制，结果晚，初果期和盛果前期不宜利用，应对其严加控制；在盛果后期及其以后是利用的主要对象，以保持植株有较强的结果能力。背后枝组长势缓和，容易控制，结果早，是早期利用的主要对象，但其易衰老，寿命短，应注意及时更新，保持健壮状态，当生产能力下降且不易复壮时，应及时疏除，以减少营养消耗。背后枝组，尤其是背上枝组过长过大，树冠通风透光不良时，应注意给予控制。侧生枝组介于上述两类枝组之间，长势稳健，生产能力强，宜多培养并应充分利用。

（三）按结构分

根据枝组的结构，可将其分为单轴枝组和多轴枝组两种类型（图 3-6）。单轴枝组多是对枝条进行连年长放形成的，这类枝组枝轴单一，分枝少，细长，长势缓和，有利于幼树和旺树早结果，但这类枝组如连续长放过多，生长势容易衰弱，果实品质下降，因此，应适时回缩或通过短截利用后部枝更新。多轴枝组是在枝组培养过程中，经多次短截、长放或对枝组回缩后形成的。这类枝组外形呈圆形或椭圆形等，除有一个主轴外，还有多个支轴，其分枝多，结构紧凑牢固。但支轴过多，枝量大而且密，通风透光差，养分也易分散。

单轴枝组　　　　　　　　　　多轴枝组

图 3-6　单轴和多轴枝组

二、结果枝组的配置

（一）枝组配置的原则

为充分发挥各类枝组的作用，确保高产稳产优质，在枝组的配置上要做到大、中、小相结合，背上、侧生和背后相结合，既要增加有效枝量，最大限度地利用有效空间，形成最大的结果体积，又要保证良好的通风透光条件，既有利于生长，又有利于结果，更有利于提高商品果率。

（二）枝组的布局

不同类型的枝组其大小、形成的快慢、结果的早晚和寿命的长短不同，因此，应根据栽植的密度、树龄和树冠大小合理配置。在较大树冠的情况下，枝组的分布应是树冠上部少而小，树冠下部多而大，基部三主枝上的枝组占全树枝组总数的60%～70%；在骨干枝的两侧和背上多，背后少，背上以小型枝组为主，大型和中型枝组主要安排在两侧和背后，两侧枝组占枝组总数的50%～60%，背上枝组占35%～40%，背后枝组占5%左右；在骨干枝的前部以配置小型枝组为主，中部以中型和大型枝组为主，后部以中型和小型枝组为主，枝组在骨干枝上的分布呈菱形。总之，枝组的分布应不稀不挤，枝组之间的距离如表3-1所示，大、中、小型枝组交错配置，不能齐头并进，以使其通风透光，生长结果正常。

表 3-1　　枝组之间的距离　　　单位：厘米

枝组类型	一般距离	同方向距离
小型枝组	15～20	30 左右
中型枝组	20～30	50 左右
大型枝组	30～50	60 以上

随着栽植密度的增大、树冠的缩小，骨干枝的比例逐渐减少，枝组的比例逐渐增加。中等密度果园，如采用小冠疏层形树形，在骨干枝上以培养中、小型枝组和侧生枝组为主；高密度果园，如采用细长纺锤形和圆柱形树形，可在中心干上直接培养大、中、小型枝组；超高密度果园，如草地果园，一株树可由1～2个大型枝组构成。

植株的年龄时期不同，生长势不同，培养和利用的主要枝组各异。幼树生长旺，为缓和枝势，促使早结果早丰产，应以培养和利用背后、两侧斜下生和平生枝组为主；到盛果期，植株生长缓和，以平生和斜上生枝组为主，适当培养背上枝组，减少背后和斜下生枝组；到更新期，生长势逐渐衰弱，为延缓衰老，保持一定的结果能力，应以培养和利用背上和斜上生枝组为主。

第四章　果树修剪技术的综合运用

不同修剪方法和措施对果树的调节作用，有些是相似的，有些是不同的，这就要求在修剪中针对树体存在的主要问题采用不同的修剪方法和措施。由于果树树高冠大，立体性强，往往需要综合运用多种修剪技术才能起到应有的效果。通过修剪，最终应达到的效果是使果树在生长势上达到中庸健壮状态，在枝条密度上达到"上稀下密，外稀里密，南稀北密，大枝稀小枝密"的四稀四密，并保持结果与生长的平衡。

第一节　调节生长势

为使果树的植株达到中庸健壮的状态，对旺树应抑制生长，对弱树应促进生长，具体来讲可采取以下措施加以调控。

一、修剪时期

促进生长，可提早冬剪，冬季适当重剪，生长期轻剪；抑制生长，应延迟冬剪，冬季轻剪，生长期重剪，如果树势过旺，也可不进行冬季修剪，于春季萌芽后再修剪。

二、修剪量和修剪方式

对于旺树应轻剪缓放，多留枝，降低枝芽位置，以缓和生长势；对于弱树应适当重剪，少留或不留果枝，抬高枝芽位置。降低枝芽位置是将枝条压平或剪口留背后芽、背后枝，降低枝芽在树冠中的位置；抬高枝芽位置是将枝条扶直或剪口留背上芽、背上枝，抬高枝芽在树冠中的位置。

抑制树体某一部位的生长，可以促进其他部位的生长，如抑上可以促下，抑制强主枝的生长，可促进弱主枝的生长；相反，促进某一部位的生长则可抑制其他部位的生长。

三、枝量和枝芽质量

促进生长应减少枝干，去弱枝留中庸枝和强枝，去下垂枝、平生枝和斜下生枝留斜上生枝和直立枝，剪口下留壮枝壮芽。抑制生长则应增加枝干（如采用高干），去强枝留中庸枝和弱枝，去斜上生枝和背上枝留背后枝、平生枝和斜下生枝，剪口下留弱枝弱芽。减少枝干就是在充分利用有效空间的前提下，尽量减少骨干枝数量或缩短骨干枝和主干的长度。

四、枝条角度

缩小枝条角度可以促进生长，其方法有：短截时剪口芽留背上芽，用背上枝换头，对枝条进行顶枝、吊枝，枝条前部少留或不留果枝等。开张枝条角度可以抑制生长，其方法有：短截时剪口芽留背后芽或采用里芽、双芽外蹬，用背后枝换头，对枝条进行拉枝、弯枝，在枝条前部多留果枝等；也可在短截枝条时，在预利用的背后芽前部多留 1～2 个芽，待新梢长至 30 厘米左右时，对预利用的背后芽前部的新梢进行扭梢或拧梢处理。

五、花果量

对于旺树和旺长部位促进花芽分化、多留花果可起到以果控长、缓和长势的作用。在花芽的生理分化期，疏除过密枝梢，开张枝条角度，改善通风透光条件，以及采取环割、环剥、缓放、弯枝、扭梢、拧梢等措施，均能增加营养积累，促进花芽分化，增加花芽数量；疏除过多的弱花芽、晚开的花和过多的幼果以及旺枝均可提高坐果率，增加花果量。对于弱树和生长衰弱的部位减少花芽形成量和结果量可以促进生长。冬剪时对枝条进行中、重程度的短截，冬季重剪夏季轻剪均可减少花芽形成量；花芽形成后疏除果枝或花芽，开花期和坐果期疏除花果均可减少结果量。

六、枝条延伸方式

使枝轴保持直线延伸对生长具有促进作用；通过短截或回缩，变换带头枝、芽方位，使枝轴弯曲延伸可以抑制生长。

七、修剪方法

不同的修剪方法对生长的抑促作用表现各异。在弱芽处短截，留弱枝回缩，以及采用拉枝、弯枝、摘心、扭梢、拧梢等对处理枝的生长具有抑制作用；萌芽前在枝条上进行刻芽，能增加分枝量，分散营养，减少新梢生长量，缓和长势；对主干、大枝基部实施环割、环剥、大扒皮、倒贴皮等处理可以相应地抑制整个植株、整个大枝的生长；疏枝造成的伤口以及对枝条进行造伤处理，对伤口处的上部生长具有抑制作用，对其下部具有促进作用，这就是通常所说的"抑上促下"，而且伤口越大，这种作用表现得越明显。但在饱满芽处短截或留壮旺枝、背上枝回缩有增强生长势的作用。

第二节　调节枝梢密度

枝组梢是着生叶片和花果的器官，起着制造营养和开花结果的重要作用。在一定范围内，随着枝梢数量的增加，光合生产总量和结果部位增多，有利于树体的健壮生长和丰产优质。但枝梢密度过大，尤其是外围枝梢密度过大，枝叶遮风挡光现象严重，有效叶面积减少，寄生叶增多，无效容积增大，产量和商品果率均会下降。因此，枝梢过密或过稀对光能利用、产量和果实品质都有很大影响，均应作相应调整。

一、增大枝条密度

推迟冬季修剪，保留已有枝梢，通过拉枝、弯枝、别枝等利用徒长枝填空补缺，枝轴弯曲延伸，对枝条短截、刻芽、弯枝、环割、涂抹抽枝宝，喷布整形素、细胞分裂素、代剪灵，对新梢摘心、剪梢、扭梢等均可增大枝梢密度。

二、降低枝条密度

疏枝、缓放、回缩、加大分枝角度均可降低枝梢密度，重点是疏除中、大枝。

枝梢数量和密度是两个不同的概念。枝梢数量的增减是指枝梢个数的增加和减少，而枝梢密度则是指单位范围内的枝梢数量。有些修剪措施既可增加枝梢数量，又能增大枝梢密度，如多留枝梢、不去枝梢，对新梢进行摘心、剪梢和扭梢；有些措施既可减少枝梢数量，也能降低枝梢密度，如疏枝和回缩。一些措施虽不能增加枝梢数量，但由于缩短了枝轴却使枝梢密度得到了增大，如短截；而有些措施虽能增加枝梢数量，但由于枝轴长度并未被缩短或拉大了枝梢间的距离，则使枝梢密度得以下降，如缓放和加大分枝角度。

有些措施能增加长枝的数量或增大其密度，如在饱满芽处短截、涂抹 1 号抽枝宝等；有些措施则会增加中、短枝的数量或增大其密度，如刻芽、枝条环割、涂抹 2 号抽枝宝、缓放、弯枝等。由于不同的措施、方法所增加的枝条类型不同，不同类型枝条的主要作用也有差别，如长枝有利于生长，对树体供应的营养多，但不易成花结果；短枝生长期短，停止生长早，营养积累早，易成花结果，但在制造营养和对树体的营养供应上不如长枝；中枝处于长枝和短枝之间。因此，在调节枝梢密度时，采用哪些措施、方法，应视不同枝条类型的稀密程度和需要来定。

第三节　调节生殖生长和营养生长

花芽的分化形成、开花、果实发育和枝叶根的生长建造需要消耗大量营养，这些营养除来自根系吸收的矿质营养外，还需要着生在枝条上的叶片通过光合作用提供有机营养，因此，为保证树体生长健壮和丰产稳产优质，一定的营养生长是十分必需的。但营养生长不能太旺，否则，大量营养会用于枝叶的建造，而用于花芽分化、开花和果实发育等生殖生长的营养则会减少，不利于丰产稳产优质。当然，花芽量和开花结果量也不能过多，否则，营养生长弱，易出现营养不良现象，同样不利于丰产稳产优质。此外，一年结果过多或过少易导致大小年的发生。因此，在营养生长过旺、过弱，开花结果过多、过少时，必须及时进行调节。调节生殖生长与营养生长，使两者均衡发展是整个修剪工作乃至整个管理工作的中心任务。在调节上应根据树龄、树势、花果量等具体情况进行。

一、幼树、旺树

幼树和旺树的突出问题是营养生长旺、结果少，主导思想是：在保证足够枝叶量的基础上控长、促花、保果。在修剪上可采用拉枝开角的方法改善树体的光照条件，通过环割、环剥、扭梢、摘心、喷布生长抑制剂控制新梢的旺长，使营养多用于花芽的分化形成、开花和果实发育。

二、弱树

对于弱树应减少花果量，促进营养生长，可采用疏除或在饱满芽处短截果枝，喷布赤霉素，疏花疏果，多留壮枝等措施来调节。

三、小年树和大年树

小年树应注意保花保果，控制花芽形成量，适当疏除果枝和疏除花芽。大年树往往表现为营养生长弱、花芽形成不足，其主要原因是结果过多，树体营养不足，因此，主要任务是促进营养生长，增加花芽量。在修剪上关键性措施是疏花疏果。

第五章　果树整形、修剪及嫁接技术

第一节　桃树

核果类包括桃、杏、李、梅、樱桃等，其果实内都有一个硬核，是由内果皮形成的，核内的核仁是种子。核果类的花芽都是纯花芽，开花结果习性比较相似。核果类果树喜光性强，干性较弱，适合发展开心形或延迟开心形树冠。下面以桃为代表谈一下成年树的修剪要点。

三、桃结果枝的修剪

成年桃树骨干枝上生长出的小枝，基本上都能开花结果，结果枝(图 5-1)必须要进行短截修剪。

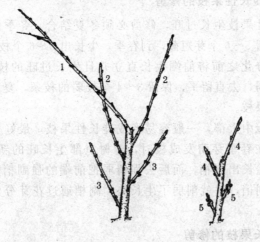

图 5-1　桃树的各类结果枝

1-徒长性果枝；2-长果枝；3-中果枝；4-短果枝；5-花束状果枝

如果不短截，结果枝则延长生长，其下部无枝也无花芽，而上部枝越长越远离骨干枝，延长生长3～4年后，结果枝则逐年衰弱而死亡。全树结果枝自下而上死亡，结果部位上移，树势衰老而失去结果能力(图5-2)。

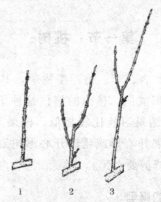

图5-2　结果枝短截与不短截生长情况

1-结果枝；2-短截后结果部位紧凑；3-不短截远离骨干枝结果部位上移

(一)徒长性果枝的修剪

徒长性果枝生长过旺，修剪必须冬夏结合。冬季修剪要重剪，基部留5～6个芽短截，到春季，生长出5～6个枝条，到5月份花芽分化之前将前端生长直立并且生长过旺的枝条剪除，即去强留弱，去直留平，保留3～4个较弱的枝条，夏秋以后即形成中长果枝。

在树冠中上部，一般容易形成徒长性果枝，最好要控制其形成。可在春季芽萌发成枝时，对树上部生长旺的新梢摘心，促进枝条生长出副梢，而后去强留弱把前端的强副梢剪除，留生长弱的副梢，这就削弱了生长势，副梢通过花芽分化能形成长果枝。

(二)长果枝的修剪

桃树主要结果部位是长果枝，长果枝先端不充实，而中部充实，且多复花芽。修剪时保留 30 厘米左右，把上端不充实部分剪除。注意剪口芽要留在有空间生长的地方。短截后，长果枝可开花结果，同时在前端还能长出 1～2 个长果枝或中果枝。这和长果枝结果量有关，如果结 3 个果实，可能长出 2 个中果枝；如果结 1 个果实，可能长出 2 个长果枝和 1 个中果枝。因此，要使长果枝结果后还能长出理想的结果枝，在疏果时就要考虑这个因素。

长果枝修剪还要考虑培养更新枝，又叫预备枝，因为长果枝基部有叶芽，能生长出新枝。修剪时可以将一部分长果枝进行重短截，剪到基部的叶芽处，能生长出 2～3 个枝条，形成新的长果枝和中果枝，留作翌年结果用。这种短截修剪常用于双枝更新，即有两个长果枝生长在一起，则一个长果枝剪留 30～40 厘米用于结果，另一个长果枝可重短截，剪到基部叶芽处，使其不结果而形成新的长果枝和中果枝。

有些平生的长果枝可适当放长修剪，让其结果后形成下垂枝，利用枝条的顶端优势，使基部芽萌发再长出新的长果枝，连续结果。这种方法叫单枝更新。

（三）中果枝修剪

中果枝修剪方法也是短截修剪，生长势比较好的中果枝，一般剪截长度在 15 厘米左右，剪后当年能结 1～2 个果实，还能抽生出 1～2 个中果枝连续结果。如果中果枝比较弱，当年结 2 个果实，则不能再抽生出中果枝，往往只能抽生出短果枝或花束状果枝。所以，对中果枝一般留 1 个果，可以使其结果后还能形成中果枝，在树势健壮时还能长出长果枝。

在两个结果枝生长在一起时，如果一个是长果枝，一个是中果枝，可以将长果枝重短截，让中果枝结果，中果枝结果以后冬季修剪时可剪除，原来的长果枝可形成 2 个长果枝或更多的中果枝。这种双枝更新，可使结果枝越剪越多，保持连续结果。

中果枝在结果少、肥水和光照条件良好时可生长出中果枝或长果枝；当结果多及肥水和光照条件差时，即只能长出短果枝或花束状果枝。如果要使中果枝能连续结果，则要保持其生长势。

（四）短果枝和花束状果枝的修剪

短果枝比中果枝要短小，顶端有叶芽，下部枝条上没有叶芽，只有花芽，所以短果枝不能短截。

如果短截则因为没有树叶形成一个光秃枝条，果实不能正常生长，不能产生新枝。如果不短截一般顶端能生长出新枝。新枝的生长量与结果有关，通常只能保留 1 个果实，新梢还能形成短果枝，如果短果枝细弱，则结果后不能抽生出短果枝，只能形成花束状果枝或纤细枝。假如短果枝不结果，则顶端叶芽生长旺盛也可以生长出中果枝甚至能长出长果枝，所以可用疏花疏果来使短果枝复壮。

花束状果枝本身生长很短所以不能短截修剪，过密时可以疏除。花束状果枝也可以通过疏花疏果来调节其生长势。当结果量多时，花束状果枝变弱甚至死亡；如果不结果其顶端叶芽也可以生长形成中、短果枝。

以上各类结果枝是人为进行区分的，其实中间并没有明显的界线，修剪时应灵活掌握。例如，生长长度介于中果枝和短果枝之间，如果按中果枝的修剪要求要进行短截，而按短果枝的要求则不能短截。这种情况就不能只看结果枝的长度，而要看侧芽的情况。侧生芽有复合芽，即既有花芽也有叶芽，则应该短截，可以防止结果部位上移；如果侧生芽只有花芽无叶芽，则不能短截，以防枝条光秃而死亡。

四、桃结果枝组的培养

（一）培养结果枝组的意义

幼年果树开始结果一般在单独的结果枝上，到成年果树结果枝即组合在一起形成结果枝组,有小型枝组、中型枝组和大型枝组,分别分布在果树的不同部位。在修剪过程中要计划培养好各类枝组,防止主、侧枝光秃。通常结果枝组大、中、小型交错着生,错落有序,占领树冠的所有空间。一般大型枝组主要分布在骨干枝背上两侧,中型枝组排列在骨干枝的左右两侧,小型枝组在大、中型枝组之间,既占满空间,又要通风透光。

(二)结果枝组的培养

结果枝组是着生在主、侧骨干枝上的独立结果单位。是由发育枝、徒长枝、徒长性果枝、长果枝、中果枝,经改造而发育成的。按其枝组的大小,可分为大型结果枝组、中型结果枝组和小型结果枝组。

(1)大中型结果枝组的培养 选择在骨干枝上着生部位较低的发育枝、徒长枝或徒长性果枝,进行重短截,留 20～30 厘米,促使分生 5～6 根枝条。第二年去直留平或留斜生枝,一般留 2～3 个枝条再短截。这 2～3 个枝条可以既生长又结果,但结果量要控制,使结果枝组以生长为主,这 2～3 个生长旺的长果枝又能生长出 7～8 个长果枝,以后对部分长果枝重截,有的可结果。3～4 年后可形成大中型结果枝组。

(2)小型结果枝组的培养 可利用长结果枝来培养,培养方式有很多种。例如,对长果枝重短截,长出 2 个长果枝,就成为 2 个长果枝的结果枝组。如空间较大第二年可以把这 2 个长果枝再重截,可以形成 4 个长果枝的结果枝组。也可对 2 个长果枝 1 个重截、1 个正常短截,重截的可长 2 个长果枝,正常短截可以结果,结果后可能长出 2 个中果枝,则形成二长二中的结果枝组。也可以对 2 个长果枝短截较短,使长果枝结 1 个果,每个长果枝又可长出 1 个长果枝和 1 个中果枝,形成 4 个枝条的结果枝组(图 5-3)。

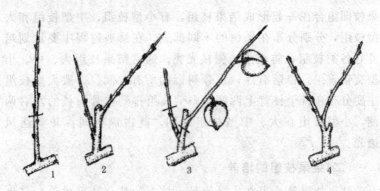

图 5-3　小型结果枝组的培养过程

1-强壮结果枝中截；2-分生 2 个结果枝；

3-1 个结果枝结果后剪除，另一个结果枝短截作预备枝；

4-再分生结果枝翌年结果

五、桃结果枝组的修剪

（一）关于剪截的长度

很多果树在培养结果枝组时先要把枝条长放，形成花芽结果后再缩剪，来培养结果枝组。而桃、李、梅等核果类果树培养结果枝组主要靠剪截，剪截长短会产生不同的效果。以长果枝剪截来看，有 3 种情况。

（1）长剪截　如剪截 30～40 厘米长，一般可结 3 个果，发枝数量较多，但由于结果多，发枝多而弱。

（2）中剪截　如剪截 20～30 厘米长，一般可结 2 个果，发枝一般还能长出长果枝或中果枝，保持连续生长和结果的能力。

（3）重短截　如剪到基部留 2～3 个叶芽，则不再开花结果，但能生长出 2～3 个长果枝，翌年可结果。

以上 3 种情况，第一种长剪截一般不宜采用，以免结果枝组很快衰弱。第二种是保持结果枝组健康发展的主要短截形式，达到又结果又生长。在培养结果枝组时不是先培养后结果，而是边培养边结果。第三种重短截方法，在扩大结果枝组时采用，或者更新结果枝组时采用。有人主张在一个结果枝组上有的枝条以结果为主，有的枝条为预备枝不结果为翌年结果做准备，这样达到枝条轮换结果。笔者认为，如果结果枝组很健壮，则所有枝条都可以既生长又结果，不必要留预备枝，这样修剪容易掌握。

（二）结果枝组上各枝条的主从关系

一棵果树各枝条之间都要保持从属关系。结果枝组一般由很多枝条组成，也需要保持从属关系。例如，一个较直立的结果枝组，领头的枝条要粗壮一些，剪留长度要长一些，往下枝条依次缩短，上部为长果枝，中部有中果枝，下部有短果枝或花束状果枝，一般修剪时要保持这个主从关系（图 5-4）。

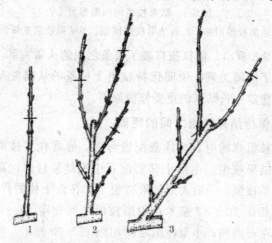

图 5-4　结果枝组上各枝条保持从属关系

1-强壮枝中截；2-短截时注意从属关系；3-剪除倒拉扭枝保持主从关系

结果枝组上枝条的从属关系相对来说要求不是那么严格，因为结果枝组常常需要更新，当结果枝组生长过高或离骨干枝过远时，需要回缩，回缩前常常把后面生长旺的枝条抬高角度，形成倒拉扭，而后将前端的枝条剪除，由后面的旺枝来当领导枝（图 5-5）。

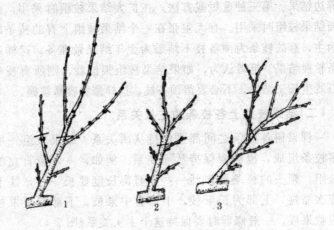

图 5-5　结果枝组的回缩修剪

1-强结果枝组回缩；2-弱结果枝组回缩；3-结果枝组更新回缩

从图 5-5 看出，倒拉扭打破了枝条之间的从属关系，但回缩后又保持了从属关系，说明保持枝组上枝条的从属关系是保持结果枝组稳定生长结果的重要修剪原则。

（三）保持结果枝组之间的距离

结果枝组修剪时，要注意配置合理，通常在主枝的下部可配置大型结果枝组，主枝中部要配置中型结果枝组，高处需生长小型结果枝组。一般大型结果枝组生长在骨干枝的背上两侧，枝组之间相距 70～80 厘米；中型枝组之间相距 40～50 厘米，在骨干枝左右两侧；小型枝组之间相距 15～20 厘米。结果枝组的大小不是绝对的，一般稀植树要大，密植树要小，但要求各类枝组相互交接，并在主枝上分布为下大上小，有明显的尖削度，有利于通风透光。

（四）保持枝组靠近骨干枝

结果枝组上的结果枝逐年上移，远离骨干枝，这是自然生长果树的普遍规律。例如，结果枝组顶端的长果枝在 30 厘米处短截，在29厘米处又长出长果枝，这一年就使这个结果枝组往上生长了29厘米。由于结果枝组上主要枝条都向上生长，使整个结果枝组逐步远离骨干枝。

要保持结果枝组靠近骨干枝，必须用压缩修剪的方法，把远离骨干枝的延长枝剪除。大中型结果枝组是由小结果枝组组合而成的，修剪时对其中每一个小型枝组都要缩剪，剪去延伸枝，保留基部枝条。对于下部枝条，冬季修剪时有的要进行短截，作为预备枝。对于各类结果枝的短截长度，在初果期可留长一些，促进结果枝组的扩大；到盛果期果枝短截要短一些，以控制结果枝组的过快生长。通过以上修剪，可使结果枝组延缓伸长，结果枝能不断更新，使结果枝组靠近骨干枝。

（五）生长与结果的调节

修剪的任务主要是调节果树生长与结果的矛盾。表现在每一个结果枝组上，也要调节两者之间的关系。在结果初期各类枝条生长旺盛，要提早结果来控制生长。到盛果期，生长比较缓和，坐果率高，要保持枝条的生长量和结果量，达到生长与结果的平衡。进入衰老期，要促进生长，延长结果枝的寿命。

在结果枝组的更新方面，可以用结果量来调节。例如，前面的离骨干枝过远，可适当多结果，使前面的结果枝下垂，而失去顶端优势，使后面的枝条少结果或不结果，从而生长旺盛。到冬季修剪时可以把前面的枝条用缩剪的方法剪除，后面的枝条生长起来可保持结果枝组靠近骨干枝并能连续结果。

在中长果枝短截时剪留长度要合适，要达到结果后当年又能形成良好的结果枝，保持连年结果。如果留果过多，则抽生出不良好的结果枝，而影响翌年结果；如果留果过少，则抽生的结果枝生长过强，甚至能抽生出徒长枝，引起果树营养的浪费。从结果枝组来看，如果结果枝组生长的部位合适，有空间生长，则要控制适当少结果，来促进枝组的扩大生长。直到结果枝组占满空间，要保持较多的结果量，使枝组既生长又结果，保持平衡。当结果枝组已互相郁闭，过于拥挤或远离骨干枝，则要压缩修剪，来缩小结果枝组，达到通风透光，有利于提高果品质量。

六、桃树嫁接技术

（一）砧木培养与嫁接育苗

（1）种子处理　将作砧木育苗用的桃核，用清水浸泡 48 小时左右，捞出后与 5 倍的细沙混合，在背阴处挖沟，沟深 80 厘米，沟内先铺 5 厘米厚的湿沙。然后将拌好的种子与沙子一起铺在沟中，一直铺至距离地面 40 厘米处，其上再铺湿沙。上面盖一层塑料薄膜，其上再填土，使表面要稍高于地面，以防积水。

播种前，将经沙藏一冬的种子从沙藏沟中取出。如果已经露白发芽，则可以播种。如果发芽很少或没有发芽，则可以改在温度较高的地方堆放，或放在向阳处，并喷水保持温度，表面覆盖塑料薄膜，几天后即能发芽。在播种前，要进行药剂拌种，以防止根瘤病。一般 5 千克种子，用 50％苯菌灵可湿性粉剂 75 克，拌均匀后播种。

（2）整地及播种　在华北地区，于 3 月下旬播种。在其他地区，可相应提前或延后播种。每 667 米² 播种 1.5 万～2 万粒，可成苗 1 万株以上。一般每 667 米² 的用种量约 75 千克，特别好的种子只用 50 千克。

育苗地要选择背风向阳、排水良好的沙质壤土地。不适宜在盐碱地育苗。苗圃切忌连作，以防发生根瘤病和生理性病害。经施肥、整地、做畦、灌水和耙平后播种。一般行距 50～60 厘米、株距 10～15 厘米。出苗后要加强管理，并及早除去苗干基部 10 厘米以下的分枝（副梢）。这样苗木粗壮，嫁接部位光滑，可当年嫁接。

（3）"三当苗"的培养　"三当苗"即当年育砧木苗、当年嫁接、当年出圃的苗木。培育"三当苗"的方法是当年 3 月上中旬，将沙藏层积好的毛桃、山桃或山杏种，采用大垄双行播种，或宽窄行带状哇播，宽行距 40～50 厘米、窄行距 10 厘米，每畦 4～6 行，行的种子间距 5～8 厘米（点播）。播后覆上地膜。5 月底至 6 月中旬，当砧木苗粗 0.5 厘米以上时，在离地面 3～4 厘米处进行嵌芽接。由于这时砧木和接穗都很嫩、皮很薄，不宜用"T"字形芽接，而用嵌芽接则容易操作。需要注意的是，在嫁接前 7 天，要对砧木苗追施 1 次速效氮肥，以促进树液流动，提高嫁接成活率。嫁接后不剪砧。嫁接后 8～10 天，待接芽愈合成活后，在芽的上方 2～3 厘米处折砧，将砧木木质部半折断，树皮不要断开，使枝条失去顶端优势，叶片制造的光合产物可以供接芽的生长。如果不是折砧，而是在接芽前剪砧，则会使接芽和砧木一起枯死。在接芽前 2～3 厘米处折砧后，接芽萌发并抽出 10～15 厘米长新梢时，部分叶片已经进入功能期，即有足够的光合产物，这时再从接芽上方约 0.5 厘米处剪断砧木，结合增施速效肥料，抹除砧芽，及时防治病虫害，当年苗木即可生长到 60～80 厘米高，形成比较理想的壮苗，即能出圃。

（4）嫁接苗的圃内整形　砧木苗在苗圃中的数量应适当少一些，每 667 米² 约 5000 株。嫁接时间在 8 月中下旬。这时砧木生长很快，形成层活跃、接穗也多，双方都易离皮，适合进行不带木质部的"T"字形芽接。接后为了防止雨水浸入并便于操作，在用塑料条捆绑时，不必露出芽和叶柄，可以从下而上地将接口部位全部绑起来。这种方法成活率达 100％，一人一天能接 1 000 个芽，速度快、成活率高。接后不剪砧。要注意为了不刺激接芽萌发，在砧木切横刀时要浅一些，不要过多地伤木质部。这样就不会萌发。

到翌年春天，在接芽前 0.5 厘米处剪砧，并除去塑料条。当嫁接苗长到 60～80 厘米高时，应及时摘心，以促进生长副梢分枝及加粗二次梢生长，利用二次梢作骨干枝。摘心工作要求在 6 月下旬以前完成。如过晚摘心，则再抽生的副梢成熟不好。摘心后，在摘心处下方留出 3 个不同方向的副梢，将其培养成三大主枝。在整形带以下的副梢，要全部抹除。在 60～80 厘米的整形带内，也可以留 3 个以上的副梢，待苗木定植后可以选留合适的主枝。

这种方法对培养优质苗非常重要，可使果园提早成形和结果。如果不摘心、不培养分枝，由于桃苗生长旺盛，苗木出圃时可高达 100～150 厘米，主干上的整形带内分枝很弱，不能作为骨干枝，而主干又太高，定植时还需重新定干，这就延长了幼树成形的时间。所以，桃苗在圃内整形是培养早成形、早结果、早丰产嫁接苗的有效措施。

（二）桃的高接换种

对于野生的山桃和毛桃，以及市场滞销的桃品种，可以采用高接换种的方法，将其改造成市场上畅销的优良品种。

改造时的嫁接方法是采用多头高接法。春季枝接的最佳时期，是砧木芽萌动、而又尚未展叶的时期。接穗要事先进行蜡封，并要求比较粗壮充实；不宜用髓心大的细弱中短果枝，而宜用徒长性果枝或长果枝。嫁接时可采用插皮接。如果砧木接口较大，也可用袋接法进行嫁接，因为山桃和桃树皮韧性强，不容易破裂。进行袋接的效果也很好。一般以接口较小为宜，接后用塑料条捆绑。对于大砧木，接口可能较大，要插 2 个以上的接穗，接后可套塑料口袋。桃树树龄较大时，结果部位上移，中下部枝条空虚。通过多头高接，可以将树冠压缩，使结果部位下移。同时，对中部空虚的部位，要用皮下腹接法来增加枝条，达到立体结果。这种多头嫁接，也可起到老树更新的作用。

第二节 樱桃

一、樱桃和桃树在修剪上的主要区别

桃树在培养结果枝组时以短截为主，而樱桃以长放、改变

角度为主。幼年桃树以中、长果枝结果为主，随着树体衰老逐步以短果枝、花束状果枝为主。樱桃主要是短果枝和花束状果枝结果。因此，在修剪上桃树要用短截的手段有利于生长出中、长果枝，而樱桃要用缓放的方法，促进短果枝和花束状果枝的形成和生长。

二、樱桃结果枝组的培养

樱桃结果枝组的培养可分 2 类，即延伸型枝组和分枝型株组。延伸型枝组是枝组上有延伸中轴，其长度 50～100 厘米，中轴没有分枝，着生多年生花束状果枝和短果枝。这类枝组主要通过大枝缓放改变角度，形成平生枝，对其先端强枝进行摘心和疏除，使中下部的多数短枝缓放 2 年，形成花束状果枝或短果枝，第三年开花结果。其培养过程如图 5-6 所示。

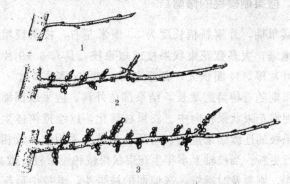

图 5-6　樱桃延伸型结果枝组的培养

1-1 年生枝；2-2 年生枝；3-3 年生枝

分枝型枝组是一类有较多、较大分枝的枝组，一般枝轴短，分枝级次较多。这类枝组多数对中、长果枝进行短截，然后有截、有放、有疏，结合夏季摘心培养而成。这类枝组上除有花束状果枝和短果枝外，以中长果枝为主。混合枝也有一定的数量，枝组本身更新能力强（图 5-7）。

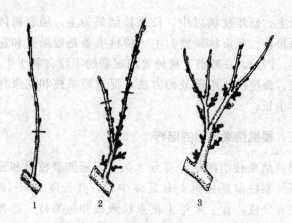

图 5-7　樱桃分枝型枝组的培养

1-1 年生枝；2-2 年生枝；3-3 年生枝

三、盛果期樱桃的修剪

到盛果期，外围新梢长度为 30 厘米左右，枝条较粗壮，芽体充实饱满；大多数花束状果枝或短果枝，具有 6～9 片莲座状叶片，叶片厚，叶面积大，花芽充实；树体长势均匀。

盛果期随着树龄的增长，结果部位外移，应采取回缩和更新措施，促使花束状果枝向中、长果枝转化，以维持树体生长势中庸和结果枝的连续结果能力。对延伸型枝组采用缩和放相结合修剪，进行更新。当枝轴上多年生花束状果枝和短果枝叶数减少时，花芽变小，则要及时回缩，选偏弱的枝带头，维持中后部的结果枝。但不可重回缩，以免减少结果部位，降低结果能力。当枝轴上各类结果枝正常时，可选中庸枝带头，以保持稳定的枝叶量。对中小型结果枝组，要根据其中下部结果枝的结果能力，可在枝组先端 2～3 年生枝段处回缩，促生分枝，增强长势，增加中长果枝的比例，维持和复壮结果枝组的生长结果能力。总之，对结果枝组要用甩放和回缩来控制：结果枝组强时要甩放，增加结果量；结果枝组弱时要回缩，增加生长量。

四、樱桃的嫁接技术

(一)嫁接时期

春季嫁接、夏季嫁接及秋季嫁接均可。

春季嫁接在 3 月下旬前后，树液开始流动时。此期多采用带木质部芽接、单芽切腹接或劈接法；夏季嫁接在 6 月下旬至 7 月上旬，时间 15～20 天，此期多采用带木质部芽接、"T"字形接或板片芽接；秋季通常在 9 月中下旬至 10 月上旬，采取的嫁接方法多为木质部芽接，培育的为芽苗，即通常说的半成品苗。

(二)苗木嫁接方法

芽接时先削取芽片，再切割砧木，然后取下芽片插入砧木接口，及时绑缚。多采用"T"形芽接法、板片芽接法、带木质部芽接法。

1. "T"形芽接法

①削取接穗芽片。甩芽接刀在接穗芽上方 1.0～1.5 厘米处横切一刀，深达木质部，然后从芽的下方 1.5～2.0 厘米处顺枝条方向斜切一刀，取下芽片。

②切砧木"T"形切口。选择粗度在 1 厘米左右的砧木苗，在其背阴面距地面 2～3 厘米处，选择光滑处横切一刀，呈"T"字形。

③插接牙与绑缚。用刀尖拨开切口两侧皮层，将接芽平滑插入砧木皮层内，接芽上方与砧木的横切口平齐。最后用塑料条包扎严密。

2. 板片芽接

这种方法全年均可使用。选择粗度在 0.7 厘米以上的砧木，距地面 10 厘米处选一光滑面，从下向上轻轻削成长 2.5 厘米左右、深 2 毫米左右(以露出黄绿色皮层为度)的长椭圆形削面，切好后不要取下芽片，用拇指轻按使其暂时贴在原处。

从接芽下方 1.5 厘米处轻轻向上从接穗上削下，长度 2.5

厘米，深度1～2毫米，呈长椭圆形。

将砧木削下的芽片取下，迅速把接芽贴于砧木切口上，使二者的形成层对齐，用塑料条包严绑紧。

3. 带木质部芽接

带木质部芽接成活率较高，不受嫁接时间的限制，自春季到秋季均可进行，是繁殖甜樱桃的主要嫁接方法。

在接穗芽的上方1～1.2厘米处向下斜削一刀，刀口超过芽1～1.5厘米，再在芽的下方0.8厘米处横着向下45。斜切一刀，接芽可暂时不取下。在砧木上距离地面2～3厘米选择光滑处，按同样的方法削取一个比接芽稍长的木质芽块。取下接穗上的接芽放到砧木的切口处，用塑料条包严绑紧。

第三节　苹果

仁果类果树包括苹果、梨、山楂、海棠、槟子等，其果实中部肉质较硬，有种子多粒。仁果类的花芽都是混合芽，结果枝发芽后长出一段新枝再开花结果。这类果树一般干性较强，树形培养上适合有中央领导干基部三主枝分层形，也可以是主枝不分层的主干形或延迟开心形。密植果园可发展纺锤形或松塔形。下面以苹果为主谈一下成年树修剪的要点。

二、苹果结果枝及结果习性

苹果树的结果枝有以下几种。

（一）长果枝

长15厘米以上，顶端着生花芽，这类果枝常和发育枝相似，而不易区别。一般顶芽饱满程度不同，顶端圆钝的花芽即为长果枝，顶端瘦小的是叶芽，就是发育枝。

（二）中果枝

长 5～15 厘米，节间较短，枝条较粗壮，上下粗度较一致，顶芽饱满，是花芽。

（三）短果枝

是最短的果枝，长为 1～5 厘米，其上着生莲座状叶簇，叶簇脱落后，在短枝上布满环状叶痕。一般莲座状叶簇有 5～6 片叶以上时，其顶芽才可能是花芽，少于 5 片叶的多不能形成花芽，形成花芽的才是短果枝。不能形成花芽的叫中间枝。

（四）多年生果枝

分为短果枝群和多年单生延长果枝 2 种类型。短果枝结果以后，果台上再抽生出短果台枝，多年以后，几个短果枝集聚在一起便成为短果枝群。中、长果枝结果后，果台再抽生出中、长果枝，逐年延伸并能结果，就成为多年生单生延长果枝(图 5-8)。

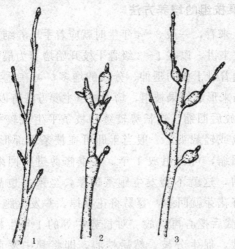

图 5-8　苹果多年生结果枝

1-长放后形成长、中、短结果枝和中间枝；

2-多年生结果枝连续结果；3-腋花芽结果后的生长情况

三、苹果结果枝组的培养

（一）结果枝组的重要性

在初结果期，有些结果枝能单独着生在骨干枝上，但这些果枝容易受到其他枝条的影响，生长势很快变弱，寿命短，逐步被各类枝所构成的果枝组所代替，枝组表现寿命长，生长健壮，充分利用空间。成年的苹果树，通过科学修剪，地上部可分为两大部分：一是树冠的骨架，包括主干、主枝和侧枝；二是着生在骨干枝上能直接开花结果，又能生长新枝和叶片的枝条叫结果枝组。如果说整个树冠是一个"生产部门"，结果枝组则为这个部门中的"生产小组"。在树体结构中，除骨干枝要配备得当外，培养好生长健壮、坚固、紧凑、分布均匀的结果枝组，可使整个树冠立体结果，这是丰产、稳产的基础。

（二）结果枝组的培养方法

从树龄上来看，一般3～4年生时就应着手培养结果枝组。按骨干枝的级次来讲，以在1～3级骨干枝开始培养为最好，有利于早期丰产。随着骨干枝的延伸、分枝的增多，可在适当的位置上选择一些枝条来形成结果枝组，培养枝组主要方法有以下几种。

（1）先长放后回缩　选长势较缓和枝条平生或较平生的1年生枝，先甩放或轻截头，一般当年即可在枝条下部形成短果枝，但不能急于回缩，可再甩放1年，冬季修剪进行回缩要以花芽当头齐花修剪，这就不会发生跑条现象，坐果率也高。如果初见有短枝或有花芽就回缩，容易将花顶掉，并发生跑条现象。

（2）先重截后挖心再长放　对长势中等的1年生枝，先在基部瘪芽处重截，促生分枝，然后挖心，即将其中发育最强的枝剪掉，留下分生角度大、长势缓和的枝条。留下的枝条有的要甩放，有的进行轻截，通过3～4年的控制，使枝组拐弯生长，可形成靠近骨干枝的紧凑中型枝组。这种方法在开始结果和盛果期的树上应用最多。

(3)先中后轻再回缩　对生长势较健壮的 1 年生枝，先在中下部饱满芽处进行中截，最好剪截到"盲节"处，促使多分枝，然后疏去强枝，留中下部的弱枝，形成果枝的枝条齐花修剪。经几年后，边结果边修剪，枝组长度超过 1 米范围时，应在有良好分枝处回缩，培养成中、大型枝组，这种方法在盛果期最为适用(图 5-9)。

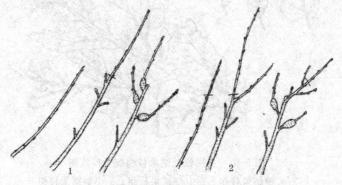

图 5-9　结果枝组的培养
1-先甩放开花结果后再回缩；2-先轻截，后扣心戴顶，开花结果后再回缩

(三)结果枝组的配置

整个树冠上结果枝组的分布和排列必须适当，才能充分利用空间，达到立体结果，又要不影响通风透光，达到生长和结果两不误。结果枝组在各级骨干枝上的分布，要掌握使侧枝上的枝组多于主枝，下层主枝上的枝组多于上层。基部三大主枝上的枝组最多，约占全树的 60%，其产量要占全树的 70% 左右。各类枝组在树冠内的安排：在中心领导枝的下部、主枝的中下部和侧枝的中部，以培养大型枝组为主，中小型枝组为辅，中、小型枝组要配置在大型枝组的空隙之间。中央领导枝、主枝和侧枝的中上部，以中型枝组为主，插空配置小型枝组。树冠外围的各级枝上以多配置小型枝组为主，中型枝组为辅，忌

留大型枝组。

从主、侧枝的总体上看，中部枝组占有空间大、外部小，基部中，近似菱形。这样的安排枝组密而不乱，多而不挤，层层见光，通风透光，结果正常（图5-10）。

图5-10　主侧枝上结果枝组配置模式图
1-大型结果枝组；2-中型结果枝组；3-小型结果枝组

四、苹果结果枝组的修剪

已培养成的各类枝组，为了充分利用空间，要维持枝组上各枝条的均衡，主从分明，交替结果。每年要进行细致修剪，按比例调节结果枝和营养枝的数量。

（一）单轴延伸枝组的修剪

单轴延伸枝组一般是初果期培养的主要枝组，但逐步结果后，枝组远离骨干枝，结果能力降低而衰弱下垂。对这类结果枝要及时回缩复壮，改造成长筒形枝组。可于枝组未转弱前，在枝组先端1/2处环剥，并压低枝头，使前部结果，刺激后部发枝，待后部发生枝条后再回缩到环剥处。后部的分枝可以短截和缓放，可实现多轴结果，这种结果枝组可以常年枝条轮替结果（图5-11）。

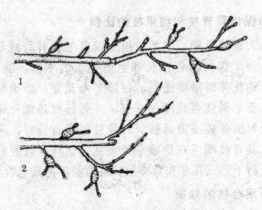

图 5-11　单轴枝组的改造方法

1-中部环剥促前端结果后端长枝；2-剪除环剥以上部分

(二)长腿中型结果枝组的修剪

生长势比较强的长枝长放后，往往前端形成结果枝及生长枝，而后端无枝形成单轴光腿。这类结果枝组可在萌芽前环剥，使枝条上部结果、下部萌枝，结果后截除环剥以上部分，改造成生长紧凑的短腿枝组(图 5-12)。

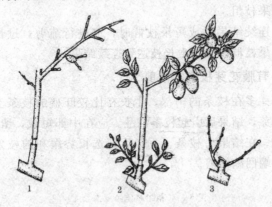

图 5-12　长腿枝组基部环剥更新方法

1-基部环剥；2-上部结果下部长新枝；3-在环剥处短截使结果枝组靠近骨干枝

(三)保持营养枝和结果枝的比例

进入大量结果期，各类枝组上营养生长有所减弱，花芽大量增加。为了保持营养生长和生殖生长的平衡，能连年结果，结果枝上的花芽留量要适宜。每留1个花芽，必须配备有2个营养枝。密生果枝可疏除一部分，并要轻截顶端一部分，使结果枝转变为预备枝或发育枝。营养枝作预备枝时，可长放或轻剪截，而发育枝则应在饱满芽处短截。这样，既有利于当年结果，又有利于形成花芽和营养生长，为翌年再获丰收奠定基础。

(四)果台枝的修剪

在修剪枝组内的结果枝时，要注意果台枝与果枝群的处理。如一个果台上发出双果台枝，而全枝组上果枝较多时，则可保留一个结果枝，另一个轻截顶，作预备枝用。如果结果枝上果枝少时，可2个都保留。如果双果台枝一强一弱时，应留强截弱。如1个是果枝1个是叶芽枝时，留果枝，短截叶芽枝或缓放不截，1个结果1个作预备枝。如果双果台枝都是叶芽枝，应强枝不截，去弱枝。如果有空间，强枝可短截，弱枝也保留，以扩大结果枝组。

果枝连续结果形成短果枝群时，应进行疏剪，过长的要缩剪，使短果枝群萌生出生长枝达到连续结果。

(五)有腋花芽枝条的修剪

腋花芽多在枝条的中部，生长在比较旺盛的枝条上，常形成一串花芽，结果后引起枝条混乱。应在中部短截，留3～4个花芽结果。在结果后枝条下垂，后部选长势缓和的枝条再培养枝组，前端回缩修剪。

五、苹果嫁接

（一）砧木培养与嫁接育苗

1. 实生育苗

首先要收集砧木种子。对于种子是否有生活力，可以用简单方法来测定。先将种子用水浸泡 24 小时，待种子吸水膨胀后，用镊子去掉种皮，放在 5％的红墨水中染色 2 小时，再用清水冲洗干净。凡是胚能被完全染色的是无生命力的种子；未染色的，则是有生命力的种子。

山定子和海棠的种子，必须经过低温沙藏后才能萌发。一般在 12 月底或翌年 1 月份开始沙藏，到沙藏结束时，即接近播种期。沙藏前，先将种子浸泡 4 小时，将漂浮的瘪籽和杂质捞出。在背阴处挖 1 条深 60～100 厘米、宽 60～70 厘米的沟，长度视种子量而定。将种子按 1：5 的比例与湿沙混合放入沟内，放至离地表 20 厘米时用湿沙盖上，再铺塑料薄膜和遮阴物。如果种子量少，也可用花盆进行沙藏，然后将花盆埋入土内过冬。沙藏的温度以 5℃为最适宜。沙藏天数，山定子为 40～50 天、海棠果为 80～100 天。翌年春季，种子开始发芽时即可播种。

播种有 2 种形式，一是在早春，将种子播在阳畦中。这可提早播种，加强管理，促进幼苗发芽生长，然后进行炼苗，再进行移栽。一般用平板铁锹将苗带土铲出（带土厚度为 10 厘米左右），码放在平底筐内，运到栽植地后，用手将苗一棵一棵地辫开，带土栽植。

二是将种子直接播种在大田中，播种时间比前面的移栽要晚 1 个月，直播方法是条播。畦面宽 1 米、长 10～20 米。播种行距为 20～30 厘米。播种前先开挖深 2～5 厘米的沟并浇水，待水渗下后播种。覆土厚度为 0.5 厘米左右，然后在畦面覆盖地膜。待种子出苗后，在有苗的位置将地膜撕开一个通风口，让苗长出来，在地膜上再压上一层薄土，既防长杂草，又促苗生长。

以上移栽育苗，苗木生长较快。直播育苗通过加强管理，当年也可以嫁接。

2. 用压条法繁殖无性系砧木

对于国外引进的苹果砧木，以及需要用无性繁殖方法来繁殖的砧木，用压条法是快速繁殖壮苗的有效方法。压条法主要有以下 2 种。

(1)直立埋土压条法　采用此法繁殖苗木，被压的枝条无须弯曲，呈直立状态或保持原有的角度。在植株基部堆土，经过一定时间后，覆土部分能发出新根，形成新植株。对于苹果矮化砧，用嫩枝压条容易生根。可以在春季芽萌发之前，将枝条在地平面以上留 2～3 厘米后剪去，使伤口下长出 2～5 个新枝。当新梢生长至 30 厘米高时，用疏松的湿土埋至新梢基部 10 厘米处。新梢生长至 50 厘米高时，再埋土至约 20 厘米处。2 次埋土要在 7 月份雨季之前完成。到秋季新梢基部生长出很多新根后，可以分离出圃。这种方法每年可以连续利用，繁殖大量砧木。

(2)水平埋土压条法　将 1 年生砧木植株斜向种在苗圃中，并将植株枝条水平压倒在浅沟中，并覆土 6 当新梢生长出来后，适当疏去生长弱的，保留生长旺盛的，并和直立压条一样分 2 次加土在新梢基部。到秋后每个新梢基部都能长出新根，形成新的植株。

字形芽接法苹果嫁接最适宜用"T"字形芽接法，时间在 8 月中下旬至 9 月上旬。这时春季播种的砧木过筷子粗，形成层活动力强。接穗木质化程度提高，芽饱满，嫁接成活率高。

在嫁接前 1 个月，要把砧木上离地 10 厘米处的枝、叶抹除，使茎干光滑，便于嫁接。接穗要从优种树上采树梢部分的发育枝，或从无病毒苗圃的采穗圃采集。要确保品种纯正和不带病毒病等病虫害。

进行"T"字形芽接速度很快，每天每人可嫁接1000株以上。

同时"T"字形芽接成活率高。嫁接后当年不萌发，故在用塑料条捆绑时，要将叶柄和芽全部包扎起来。这样可以防雨水浸入，又利于保护芽片越冬。嫁接后不要剪砧，到翌年春季，在接芽上方0.5厘米处剪砧，并除去塑料条，以促进接芽生长。要及时除萌，加强管理。秋后可生长成壮苗出圃。

(二)多头高接

多头高接一般用于苹果大树的品种改造。由于原有苹果品种都有一定的经济价值，要求嫁接后尽快恢复树冠和产量，或在嫁接换种的同时，原品种还有一定的产量。因此，在嫁接技术上要采取一些新的措施。

(1)超多头高接换种 一棵较大的苹果树，可高接100～200个头。接口处粗度为2厘米左右。所以，一般主、侧枝和辅养枝，包括结果枝组，都要进行嫁接。由于嫁接头很多，在嫁接时必须采用快速的方法。插皮接是速度最快的，但必须在砧木萌芽、树液流动、砧木能离皮时嫁接。插皮接适用于比较粗的砧木，如2厘米左右可用插皮接。对于更小的砧木可用合接法，速度也很快。接穗要进行蜡封。每个头接1个接穗，接后用塑料条包扎。这种方法嫁接成活率极高。

(2)长接穗嫁接技术 一般春季嫁接用的接穗，都是削面上留2～3个芽。留芽少，萌发后生长旺盛，但形成枝叶比较少。用长接穗嫁接，芽萌发量大，形成小枝多。由于苹果花芽多在短小的枝条顶端，生长旺盛的枝条一般不能形成花芽，大量短枝能形成花芽提早结果。同时，由于芽萌发多，生长量小，不易被风吹折。

用长接穗嫁接虽然有很多优点，但以前高接时把接穗包扎起来很困难，往往在接口愈合之前，接穗已经抽干。现在应用了蜡封接穗，长接穗也很容易蜡封，蜡封接穗都用裸穗包扎。

嫁接方法和速度都和短枝接穗一样，嫁接成活率同样很高。所以，采用长接穗多头高接，是一种加速恢复树冠、提早结果的好方法。

(3)腹接换头技术　要求砧木比较年幼。嫁接时，应将各个主枝前端缓缓向下拉弯，使其成为脊状。也可以结合拉枝，用绳子将枝头下拉。然后在凸起的脊处进行腹接。嫁接成活后，接穗萌发生长在枝条的高部位，由于顶端优势的作用，其生长势比前端下垂的枝条旺。下垂的枝条可以正常开花结果，保留1～2年后剪除。这样既可以保持原有的产量，又可以逐步更换品种。

(4)高接花芽当年结果技术　接穗利用带有腋花芽的长枝，或带有几个短果枝的结果枝组，基部粗度在0.8～1厘米，可适当长一些。嫁接前，将接穗进行蜡封。由于枝条较长或分枝多，所以必须用较多的石蜡及较大的锅，以保证所有分枝上都能封蜡。嫁接方法可采用劈接法或合接法。由于所用的接穗比较粗，因此进行插皮接时操作要困难一些。如果接穗不太粗，也可以采用插皮接。高接带花芽枝时，一般把它接在砧木相应的小枝上，接后能开花结果。如果营养不足，坐不住果，也没有关系，这类枝条翌年肯定能结果。这是一种使新品种提早开花结果的嫁接方法。

(5)折枝高接技术　为了既要保持苹果树有产量，又要使嫁接成活的新品种很快生长，可以采用折枝高接技术。其方法是将砧木枝条锯断约2/3，然后再进行折枝。注意不要将枝条完全折断，而应使树皮和一些木质部仍然连接。在折枝处进行嫁接，一般可采用插皮接，使用蜡封接穗，接后要把伤口包严。由于砧木的没有完全折断，当年还能开花结果。与此同时，伤口处嫁接的新品种开始萌发生长。由于砧木接口下枝条生长的角度低，而接穗又具有顶端优势，所以它生长较快。等到新品种枝条长大后，应将前端的砧木剪除。

第四节　梨树

梨树和苹果树的结果习性比较相似，修剪方法基本上可采用苹果树的方法。但梨树也有一些特殊点，要注意以下几方面。

一、梨树结果枝比较容易形成

梨树花芽的比例很高，所以不必采用扭梢和环剥的措施。另外，梨树的枝条木质部比较脆，扭梢时容易将木质部扭断。由于梨树结果枝花芽很多，如果再用环剥的措施则花芽过多使枝条很快变弱而死亡，效果不好。

二、梨树的枝量一般比苹果树少

往往膛内空间较大，因此各级骨干枝的分枝要尽量多保留，并把所有枝条都培养成各类结果枝组，包括直立的徒长枝和竞争枝都要尽量利用，以免内膛空虚。

三、结果枝的结果特性

梨树的短果枝或中果枝发育充实，其上着生的果实中途落果很少，而且品质优良，这类结果枝最为可贵。但长果枝生长期较长，发育不如短果枝或中果枝充实，所生的顶花芽或腋花芽质量较差，开花后结果率低，而且果实品质也较差。所以在短果枝较多情况下修剪时，可将长果枝疏去一部分，对长果枝可以在基部留几个芽短截，翌年可形成短果枝。

四、梨树结果枝组的培养

梨树结果枝组的培养可分小、中、大 3 类枝组。小结果枝组，采用连年缓放，然后回缩，选用中庸枝，先甩放或轻截，只要角度开张或平生，当年即可萌生大量的短枝，有的即能形成花芽，第二、第三年就能结果，顶端结果后再回缩到下部分枝处，形成结果枝组的更新复壮，延长结果年限。培养中、大型结果枝组，一般形成圆满紧凑型枝组，可选用较健旺的长枝，采用先截、后放、再缩的修剪方法。第一、第二年适当短截，促生分枝，第三年分枝多时，应去强留弱，保留的分枝多数缓放，少数短截，有利于形成花芽和结果，抽生的分枝再短截和缓放。结果多年后，应对枝组进行回缩更新，以保持枝组长年不衰(图 5-13)。

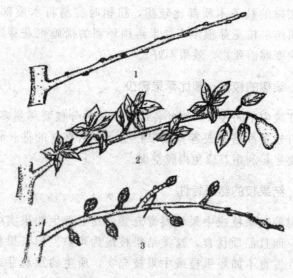

图 5-13　梨树结果枝组的培养
1-枝条水平缓放；2-前端结果后边形成短枝；3-回缩

五、调整生长与结果的关系

梨树到盛果期，结果枝的数量多，常形成短果枝群，其花芽多，容易形成结果过多，叶/果比相对过小，树体营养消耗过多而形成产量上的大小年现象。要防止大小年现象，人工疏果比较困难，最有效的方法是在修剪上加以控制，花芽过多时要多短截，用破顶法剪去过多的花芽，同时也增加了预备枝，对于结果短枝群要疏剪和缩剪。在同一棵梨树上每年的有效结果枝和营养枝有一定的比例，使营养枝、有效结果枝比例为2：1才能克服大小年现象，获得优质和稳产。

六、梨树嫁接技术

（一）当年成苗嫁接技术

梨进一步发展的方向是建立密植梨园。因为梨的特点是结果早，只要加强管理，2年就能结果，3～4年进入早期丰产。同时，近年来引进一些梨的新优品种，需要加速投产。因此，对梨苗的需求量较大，如何加速优种苗木的发展，是生产上急需解决的问题。可采用"三当育苗"的方法，即"当年育砧木苗、当年嫁接、当年成苗"的方法，解决生产需苗的问题。

（1）砧木苗的培育　梨种子的沙藏与苹果砧木种子的沙藏方法相同。12月初挖沟沙藏，至翌年1月中旬取出。这时种子虽然已通过低温阶段，但一般还未萌发。可将种子和湿沙运到室内堆放，并将室温调到25℃左右，每天喷水，并翻动1次种子。10天左右即能露白，可以进行播种。

将种子播种在温室营养钵中。营养钵直径和高度为5～8厘米。播种前要将营养钵装好营养土。营养土要从大田取，不要用菜园和果园中的土，以尽量减少土壤中的病菌和杂草种子。土中要施充分腐熟的马粪和颗粒肥料，使营养土疏松肥沃。营养土装钵时顶上要留出0.5厘米的空当，用以覆盖种子和浇水用，装好营养土以后，将发芽的种子播入其中，每钵种1粒。上面的覆盖土中，要加70%敌磺钠可湿性粉剂，每667米^{2}用1.5～5千克。使将敌磺钠与适量的过筛湿润细土混合均匀，然后用来覆盖种子，厚度约0.5厘米。用药土盖种子对防治梨苗猝倒病和立枯病，有很好的效果。

播种盖土后，在放置营养钵的苗床表面覆盖地膜，以增温保湿。待大部分种子出苗后，及时揭膜，并适当喷水，促进苗全、苗齐。要注意温度的调控，以保持在15℃～20℃为最适宜。

4月中旬左右，小苗有4～5片真叶时，将营养钵中的幼苗从温室移出，采用大垄双行方式，定植到大田苗圃中。垄与垄之间的距离为70厘米，垄背耙平，上面移栽2行苗，2行苗之间的距离为15厘米，株距为15厘米。这样形成55厘米和15厘米2种不同宽的行距。在55厘米处可以进行嫁接操作。移栽时，要使营养钵中的土团不散，完好地连苗带土移入苗圃。移栽后，浇水入2垄之间。水逐步渗入根部，比灌蒙头水要好。为了促进幼苗生长，也可以在双行苗上做塑料拱棚，以提高温度和湿度，促进幼苗的生长。到温度较高时，将拱棚膜改铺成地膜，并打孔使苗露出膜外。地膜压在苗的下面，起到保温、保湿和压草的作用。

(2)苗木嫁接　由于采用温室育苗，生长期提早了2个月。到6月份，幼苗已经生长得比较粗壮，可以进行芽接。芽接时，可采用"T"字形芽接法进行操作。嫁接的部位和一般芽接不同，要在基部留5片叶，接在5片叶的上面。嫁接后，再在接口上边留5片叶后，将上面的嫩梢剪掉。在接芽前后的10片叶都是老叶片，能制造养分，供芽片愈合，同时提供根系所需的有机营养。嫁接10天以后，接芽即成活，可在接芽上面1厘米处将砧木斜向剪断，同时去掉塑料条。剪口面在接芽的一边要高一些。

有一点要说明，梨接穗上的芽比苹果、桃等果树的芽要大，在嫁接取芽片时，芽片内侧与芽相接的"小肉"常常会掉下来。有些资料上强调带"小肉"芽接是成活的关键，没有"小肉"就嫁接不活。其实这点"小肉"是一小段维管束，是从木质部连接芽的组织。不带"小肉"嫁接后双方愈伤组织能把砧木木质部与接芽之间的空隙填满，对芽接成活没有影响。如果要带"小肉"，在取芽片时就必须移动芽片，增加接穗芽片内侧形成层的磨损，反而对成活率有不良影响。

（3）接后管理　在接芽前的砧木剪除后，接芽下面保留的砧木叶片不能除去。这些老叶片进行光合作用所制造的产物，对根系营养是非常重要的，它能保证嫁接苗健康生长。因为接芽处于枝条的顶端，具有顶端生长优势，所以萌发后能抑制下部腋芽的萌发生长。但是在接芽萌发前，下部保留叶的腋芽可能会萌发生长，一定要及时除去，以免影响主栽品种芽的生长。

接芽生长后要及时追肥，前期以氮肥为主，后期应增施磷、钾肥。这样既可促进苗的生长，又能使枝条生长充实。由于梨芽易萌发，生长也快，所以通过加强管理，秋后苗能生长到80厘米以上，符合出圃的标准。

（二）提早结果的多头高接

在梨树改换品种时，为了能提早结果，很快见效，并进行老树更新，可采取以下措施。

（1）多头高接　嫁接在春季芽开始萌动时进行，接穗要事先进行蜡封。砧木接口处的直径应在2厘米左右。砧木的主干和主枝及其侧枝、副侧枝、辅养枝和结果枝组都进行嫁接。嫁接方法以插皮接为宜。插皮接速度最快，成活率高。对于2厘米直径的枝条，用剪枝剪剪后，不必将剪口削平，可直接插入接穗。每个头插1个接穗，用塑料条捆绑也很快。对于较细的接口，可用合接法进行嫁接。采用多头高接，嫁接当年可以恢复树冠，翌年大量结果。

（2）嫁接长接穗和结果枝　对接穗要先进行蜡封。长接穗为20厘米左右。结果枝一般可用结果枝组，切削部分比较粗壮，一般为2年生枝，上面着生短果枝。嫁接时，可将接穗接在砧木直径为2～3厘米的切口处。嫁接方法以插皮接为主，结合采用合接法。长接穗嫁接成活后，芽萌发数明显增加，长势缓和，当年可形成花芽，使嫁接的接穗形成结果枝组。嫁接的结果枝，当年可开花结果。如果树势旺，则可以促进结果，增加收益。

如果树势弱，则疏掉当年的花和果实，待翌年再结果。总之，嫁接花芽是提早结果的有效方法，但嫁接后生长势比较弱。

（三）老树更新嫁接

对于老梨树，通过嫁接可以更新复壮。主要方法有以下2种。

（1）先更新后嫁接　对于果实产量已经不高、品质有所下降的老梨树，冬季修剪时可进行重压缩。用锯将主枝和侧枝截头回缩，伤口处直径为5～10厘米。到翌年春季，主、侧枝伤口附近都发生很多萌蘖，要进行选择，均匀地保留枝条，将多余的及早抹除。要注意在伤口附近多保留枝条，有利于伤口的愈合。为了促进地上部分的芽萌发生长，对老梨树要加强地下土、肥、水的管理，促进根系更新生长。

嫁接可在2个时期进行：一是秋季芽接。当新梢生长到一定长度时，到8月份可进行"T"字形芽接。接后不要剪砧木，不影响砧木的生长。芽接的数量要多一些，一般每个新梢都要接一个芽。到翌年芽萌发之前进行剪砧，在接芽前1厘米将砧木剪除，促进接芽生长。二是春季枝接。为了不影响砧木生长，更新修剪后当年不嫁接，使枝条尽量长粗壮，充实一些。到翌年春季，进行枝接。枝接前，接穗要进行蜡封，采用合接法进行枝接。这种方法接合非常牢固，即使接头多，接穗生长较慢，不捆支棍也不会折断，可大大节省劳动力。合接法不一定要求砧木离皮，所以嫁接时间可以提前半个月，在砧木萌芽前15天进行嫁接。这可使接穗提早萌发，几乎能和不嫁接的芽同时萌发。可提高嫁接树的生长量，有利于老树的更新。

（2）边高接边更新　由于老梨树的主、侧枝都粗大，如果要接在其2厘米粗处，则嫁接部位远离主干，不能起到回缩更新的作用。所以要适当回缩，就必须将接口处粗度扩大。嫁接方法除用插皮接以外，更适合用贴接法。每个头嫁接接穗的数量，可按接口的大小而定。一般直径为4厘米左右的要接2个接穗；

直径为 6 厘米左右的要接 3 个接穗；直径在 8 厘米左右的，要接 4 个接穗；直径为 10 厘米左右的，要接 5～6 个接穗。所嫁接的接穗多，有利于大伤口的愈合。但伤口也不能过大，通常直径不要超过 8 厘米。锯断大枝后，要用刀将锯口削平，然后插入或贴好接穗，再用塑料条固定。伤口最好抹泥封闭，再套上塑料口袋。除枝条前端嫁接外，对于内膛枝条光秃的部位，可用皮下腹接补充枝条。

树体很大的老梨树，其内部下垂的结果枝，基本上不影响嫁接成活枝条的生长，因此在嫁接时可以适当保留。保留一些小枝，可以增加地上部分的叶面积，达到地上部与地下部之间的平衡，同时还可以保持一些产量。当接穗新梢生长，叶面积扩大后，对保留的枝条应逐步压缩，在 1～2 年将其剪除。老树回缩嫁接，接穗生长旺盛，能起到既嫁接换种、又更新老树的作用。

第五节　板栗

板栗和柿树、核桃都是壮枝结果，在修剪上比较相似。板栗喜光性强，通常也有主干，笔者认为采用延迟开心形比较适合板栗的整形要求，达到主枝少，侧枝多，通风透光，提早结果和延长盛果期，也便于更新修剪延长寿命。下面讲板栗的修剪要点。

一、板栗的芽

板栗的芽有花芽、叶芽和隐芽 3 种。

（一）花芽

花芽又称混合芽或大芽。花芽有 2 种：一种能抽生带雌雄花序的结果枝，另一种是抽生雄花枝。前者着生在粗壮枝的顶端，芽扁圆形，肥大；后者是在粗壮枝中部或细弱枝的顶端，芽很小，呈短三角形。

（二）叶芽

叶芽又称小芽，瘦小呈三角形，萌发出发育枝和叶片。

（三）隐芽

隐芽又称休眠芽，着生在枝条的基部，形态很小，在树干上潜伏多年，这种芽平时不萌发，在枝条受伤或重剪时，能萌发出徒长的发育枝。板栗树寿命长与隐芽萌发力有关，老树能萌发出新枝。

二、板栗的枝条

在生长期的板栗，其枝条分结果枝、雄花枝、发育枝3种（图5-14）。

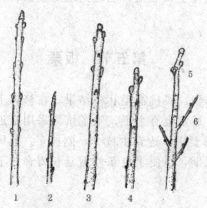

图5-14　板栗的枝条

1-幼树发育枝；2-大树发育枝；3-强结果母枝；

4-中结果母枝；5-弱结果母枝；6-雄花枝

（一）结果枝

能生长果实的枝条称结果枝，又称混合花枝。先在结果枝上开雄花和雌花，而后结果。结果枝着生在1年生枝的前端，自然生长的板栗树，结果枝几乎都在树冠外围，有些品种枝条中下部短截后也能抽生出结果枝。

结果枝从下到上可分 4 段：基部数节是叶芽，中部 3～8 节是雄花序，上部 2～3 节雄花序基部长出雌花簇（也称雌花序），顶端 1～3 节叶腋中是混合芽。

（二）雄花枝

自下而上分为 3 段：基部 4 节左右叶腋内具有小芽；第二段中部 5～10 节着生雄花序，花序脱落后不再形成芽；第三段花前着生几个小叶片，叶腋内芽较小。雄花位于 1 年生枝的中部及弱枝的顶部。

（三）发育枝

不产生雌、雄花序的枝条称发育枝。幼树在结果之前所有枝条都是发育枝。成年树有 2 类发育枝：一类是由隐芽萌发的强枝，另一类是枝条下部芽生长出的弱枝。

休眠期的枝条和生长期不同，有结果母枝、雄花枝和发育枝 3 类。结果母枝就是到生长期能抽出结果枝的枝条，可分强、中、弱 3 种结果母枝。能抽出雄花枝的休眠枝称雄花枝，没有花芽的称发育枝。

三、板栗花芽分化与修剪的关系

（一）雄花序的分化

当年形成的芽内已完成形态分化，一般在当年 5 月中旬新梢停止生长后，结果枝前梢的大芽开始分化，到 7 月份完成分化的过程，所以雄花序都是上一年形成的。

（二）雌花簇的分化

混合花序是春季当年分化出来的芽。萌动期当芽长到 3～4 厘米时，首先出现一个大叶苞，在叶苞内长出雌花簇。

(三)修剪方法对当年形成雌花簇的影响

如果在枝条萌芽时抹去结果枝下部的芽，除去刚长出的雄花和摘除果前梢，这些措施都可以减少营养的消耗，促进雌花簇的增加。早春增施肥水和对刚萌芽的叶面喷肥，都有助于当年雌花的增加。

雌花簇当年分化形成最好的证明是枝条的短截，在冬季修剪时，将结果母枝进行重短截，留下基部芽。结果母枝如果不短截，基部芽只能萌发出生长枝，没有雌花簇；而重截后，芽萌发可成为花枝，有少量的雄花序，并在雄花序的基部能产生雌花簇，正常结果。这种特性发生于易形成雌花的品种，为板栗控制树冠、发展密植果园创造了条件(图 5-15)。

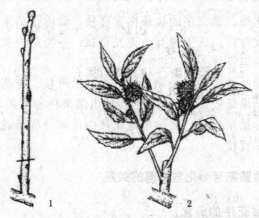

图 5-15　结果母枝短截后产生雌花簇
1-结果母枝短截；2-萌生出结果枝产生雌花簇

枝条短截能萌发出结果枝，这种枝必须是结果母枝。板栗的结果母枝都是相当粗壮的枝条，说明雌花序的形成需要有一定的营养水平。

四、板栗结果母枝的培养和留量

（一）结果母枝的培养

板栗的生长结果习性和核果类、仁果类等果树不同，没有明显的结果枝组，因此也不需要进行结果枝组的培养，而是需要培养和保持一定数量的结果母枝。1 个结果母枝，到生长期就能生长出 1～3 个结果枝，每个结果枝可以生长出 2 个左右的雌花簇，雌花簇长大后成刺苞，又叫球果，每个刺苞外有栗棚（又称栗蓬），内有栗子 1～3 粒。

培养和保持一定数量的结果母枝是丰产稳产的关键措施。培养结果母枝主要从三方面着手。

1. 发育枝转变成结果母枝

幼树上的枝条都是发育枝，当基本树形完成后要把发育枝转化为结果母枝。另外，板栗良种的发展，很多是用高接换头的方法，嫁接成活的枝条也是很旺盛的发育枝，这些枝条要削弱生长势。因此，要把旺枝变成健壮的结果母枝，而不能把旺枝变成弱枝。

首先是当旺枝长到 30～40 厘米时摘心，可促使下部芽萌发副梢，粗壮的副梢翌年能抽生结果枝，所以这类副梢就是结果母枝。另外，对旺枝进行冬季中截，可促使剪口下生长出几个枝条，在光照良好的情况下，可以形成结果母枝。如果中截后长出的枝条过旺，可在春季摘心，形成副梢结果。总之，对过旺枝可以中截和摘心，不要疏除，因为进入结果期，都需要旺枝才能结果，旺枝转弱很容易，而弱枝转旺比较困难。

板栗的萌芽率及成枝率都比较低，但很容易形成弱枝，即雄花枝。雄花枝产生大量的雄花序，消耗大量养分。因此，修剪时要把细弱枝剪除，保持和培养旺枝，这是幼树提早结果、丰产、稳产的基础。

2. 保持结果母枝连续形成

结果母枝多数在枝条的前端，由于枝条越分越多，生长势就越来越弱；强结果母枝即转变成弱结果母枝，再进一步变成雄花枝，就不能连续结果。

为了不使先端枝很快转弱，需要对前端枝疏剪和短截。如果先端长出较壮的4个枝，即4个结果母枝，可保留2个，剪除1个，短截1个。以上保留、剪除和短截，要保留生长最强壮枝，剪除相对较弱枝，短截中等枝。保留强结果母枝，可以使结果枝生长结果后还能形成较健壮的结果母枝连续结果。短截的预备枝也可以形成结果母枝。

短截后能否直接抽生出结果枝，不同品种有很大差别，对于适宜短截的品种，可以全树短截，都剪到枝条基部芽，能抽生出结果枝。也可以部分短截，一部分延长生长达到立体结果。

(二)结果母枝的留量

结果母枝是结果的基础，生长季1个结果母枝一般长出2~4个结果枝，强的结果母枝能长出4个以上的结果枝，弱的结果母枝只能长出1~2个结果枝。结果母枝的数量少，产量就低。但是如果结果母枝留得过多，抽生的结果枝都比较弱，当年坚果变小，同时都形成弱结果母枝，翌年产量就低。所以只要通过修剪稳定结果母枝的数量，就能达到丰产稳产。在决定结果母枝留量时需计算一下产量。

板栗和水果不同，坚果的含水量约占50%，而一般水果含水量占90%，即干物质含量板栗比水果多4倍，同时板栗的球果中栗苞约占50%。如果板栗和水果光合作用产物相同，则板栗的产量大约只有水果的10%，所以一般生产园，板栗每667米^{2}产量200千克左右，已经相当高了。结实过多，必将引起大小年现象。

从栗树树冠占地面积来看，如果全部占满，则光照郁闭，产量下降，所以每 667 米² 地块栗树投影面积，按 500 米² 计算较为合适。每平方米的产量为 200 千克÷500＝0.4 千克，每个结果母枝平均能产 6 个栗子，约 0.05 千克，每平方米需留结果母枝的数量为 0.4÷0.05＝8(个)。对于大粒品种每平方米留 6 个结果母枝为宜。结果母枝的留量是修剪的根据。例如一棵密植树占地 4 米²，则应留 32 个结果母枝，多余的结果母枝，弱的可剪除，强的进行短截，细弱的雄花枝要全部剪除。

六、板栗嫁接技术

(一)苗期嫁接

1. 砧木育苗

板栗或野板栗的种子，越冬前需要沙藏在潮湿低温处(0℃左右)。由于板栗种子很容易发芽，所以一定要进行低温控制。到气温达 10℃左右时即可播种。

苗圃应选择地势平坦，较肥沃的沙质酸性土壤地，整地前先施肥做畦。一般畦宽 1～1.2 米、长 5～10 米。播种采用纵行条播，行距 30～40 厘米、株距 10～15 厘米，每 667 米² 播种量为 100～150 千克。播种时最好把种子平放，尖端不要朝上或朝下，这样有利于出苗。覆土 3～4 厘米厚。

为了保证土壤的水分供应，在播种前要灌足底水。约 3 天后开沟播种，并适当镇压。出苗后，要加强肥水管理，及时中耕除草和防治病虫害。到秋季或翌年春季即可进行嫁接。

用板栗或野板栗作砧木，也可以直播，将种子直接播种到定植板栗的地方。这样幼苗嫁接成活后就不要再移苗。直播育苗更要注意杂草和病虫害的防治。直播育苗开始生长量较小，当年秋季不能嫁接。过冬前需要平茬，剪去地上部分。翌年春季，从伤口萌出很多芽，要选留一个生长旺盛的新梢，而将其余的芽抹掉。这样由于营养集中，幼苗生长苗壮，到秋季即可以嫁接。

2. 嫁接方法

进行板栗苗期嫁接，一般采用带木质部芽接法。由于板栗砧木的木质部不呈圆形，而呈齿轮形，如果用不带木质部的"T"字形方块芽接，则双方形成层不能密切接触，一般难以成活。

板栗芽接必须用带木质部芽接，一般适用嵌芽接。进行嵌芽接的时期，要根据砧木的生长情况而定。如果当年砧木生长快，到秋季下部茎干已经达到或超过筷子的粗度，则可在当年9月份嫁接。如果砧木较弱，则需到翌年春季或翌年秋季再进行嵌芽接。除了嵌芽接外，春季嫁接也可以用合接或切接。

秋季嫁接，要求当年芽不萌发，以免冬春季新梢干枯死亡。要使芽不萌发，只要接后不剪砧，接口上部砧木叶全部保留。到翌年春季芽萌发之前，在接芽上部1厘米处剪断，并去除塑料条。对砧木萌生的芽要及时抹除，以促进接芽萌发和生长。春季进行嵌芽接后，要立即将砧木剪断，剪口在接芽上方1厘米处。春季枝接都宜用蜡封接穗，成活后要及时除萌，加强管理。

（二）幼树嫁接

1. 砧木培养

从板栗树的生长和结果来看，板栗幼树嫁接的效果比苗期嫁接好。板栗在幼树阶段以生长为主，重点是要有发达的根系，树冠也需加速生长，实生树比嫁接树生长快。所以，如果苗期不嫁接，先定植在板栗园，或直播造林先形成实生栗园，等幼树生长到3～5年生树时再嫁接，接后即进入结果期。

实生园的株行距一般以3～5米为宜。可以结合间作豆类和花生等矮秆作物，最好能间作绿肥，以增加土地肥力，促进幼树生长。

2. 多头嫁接

对于 3～5 年生的幼树，为了要进一步扩大树冠，达到既提早结果又加速生长的目的，必须进行多头嫁接。如果将主干锯断接一个头，虽接后生长势很旺，但树冠明显缩小。同时，由于生长过旺，因而不能提早结果。

多头嫁接的方法有 2 种，一种是多头芽接，另一种是多头枝接。

(1)多头芽接　在秋季后期，一般在 9 月份生长基本停滞时进行。可采用带木质部的嵌芽接，嫁接部位在新梢基部。如果新梢数量不多，而且都比较粗壮，则每一个新梢都进行嫁接，可接 10 个左右。如果新梢过多，可以只接粗壮的，细弱的不接。

嫁接后不剪砧，要求不影响砧木的生长，能安全越冬。翌年春季，在接芽上方 1 厘米处剪砧，并把塑料条清除。要注意除萌和促进接芽生长。

(2)多头枝接　春季进行嫁接时，可采用合接或腹接法。因为砧木接口比较细，不宜用插皮接。用合接法时，接穗要预先蜡封。可用比较粗壮的接穗，最好和砧木的年生枝条粗度相当，使合接时左右两边的形成层都能对齐，成活率很高，并且生长快，结果早。

(三)大树高接换种

由于板栗在华北和南方一些地区，历史上都采用实生繁殖，因此要实现品种化，必须把以前的大栗树，特别是结果习性差的劣种栗树进行高接换种。这也是板栗提高产量、改善品质的快捷途径。

1. 嫁接部位的确定

在嫁接之前，要确定嫁接的部位和嫁接的头数，可根据以下 3 条原则来进行。

（1）要尽快恢复和扩大树冠　嫁接头数以多一些为好，具体头数一般与树龄成正相关。例如，5年生树可接10个头，10年生树接20个头，20年生树接40个头，50年生树接100个头，树龄每增加1年，高接时要多接2个头。砧木树龄越大，树势越旺，嫁接头数就越多。嫁接头数越多，恢复和扩大树冠就越快。但是对于衰弱的老树，需要进行复壮后才能嫁接。

（2）要考虑锯口的粗度　接口的直径通常以2～4厘米为最好。接口太大，嫁接后不容易愈合，还为病虫害的侵入创造了条件，特别容易引起各类茎干腐烂病。另外，对将来新植株枝干的牢固程度也有不良的影响。如果接口较小，一般一个接口接1个接穗，这样既便于捆绑，嫁接速度也快，并且成活率还高。嫁接成活后，较小的接口可以在1～2年全部愈合，嫁接树寿命长，生长结果良好。

（3）嫁接部位距树体主干不要过远　这就要求嫁接头数不能太多，以免引起内膛缺枝，结果部位外移。要通过嫁接使树冠紧凑，结果量增加，同时从适当省工的角度来看，嫁接头数也必须适当。

根据以上原则，对尚未结果和刚开始结果的小果树，可将接穗嫁接在一级骨干枝上。这样所长出新梢可以作为主枝和侧枝。在嫁接时，要注意枝条的主从关系。中央干嫁接的高度要高于主枝，使中央干保持优势。对于盛果期的果树，接穗还要接在二级骨干枝上，即主枝、侧枝或副侧枝上，它的大型结果枝也可以嫁接。为了达到树冠圆满紧凑，使嫁接成活后的果树能立体结果，除了对大砧木进行枝头嫁接外，在树体内膛也可用腹接法来补充枝条，或在嫁接后对砧木萌芽适当予以保留，待日后再进行芽接，以补充内膛的枝条数量。

2. 嫁接方法

在嫁接方法的选用上，由于高接时常在高空操作，所以要求方法简单，可采用合接法或插皮接。一般嫁接时期早、砧木不离皮时用合接法；嫁接时期较晚、砧木能离皮时采用插皮接。嫁接前一定要将接穗蜡封，嫁接时，每一个头只接 1 个接穗，然后进行裸穗包扎。个别接口粗的枝条，可接 2 个或多个接穗；若塑料条不便于捆绑，可口袋。内膛插枝，可用皮下腹接，接后用塑料条捆绑。砧木粗大的部位，插好接穗后可涂抹接蜡。接蜡不必涂到里面的伤口上，只需要堵住接穗与砧木外面的空隙，控制水分蒸发即可，比绑塑料条方便。由于接穗插入砧木相当厚的树皮中，非常牢固，不需要再捆绑固定。

多头高接注意事项：

(1)统一截头　在一棵大栗树上进行多头高接时，不能锯一个头接一个，而是要一次把所有的头都锯好后，再逐个进行嫁接。以免在锯头时碰坏已经接好的接穗，或震动附近已经接好的部位，使接穗移位、错位而影响成活。在嫁接时，砧木伤口暴露一段时间(如半天)后再接，也不会影响成活率。在嫁接时，每嫁接一个头，都要削平砧木锯口，则干燥死亡的细胞组织即被削去。但是如接穗较细弱，切削后须立即插入砧木接口，并且要马上包扎好，以防接穗和伤口失水，影响成活。

(2)多头高接要求一次性完成　有些地区分几年完成嫁接，这是不可取的。因为现在嫁接技术可以保证基本上全部成活，1年即可改劣换优，速度快、效率高。如果每年嫁接一部分，就会出现未嫁接的枝叶生长旺盛、嫁接部位生长很弱的现象，造成接穗营养供应和光照条件都差，甚至产生接活后又死亡的后果。

(3)保护其他枝条　有些大树主、侧枝紊乱，而且枝条较多。有人为了整形而锯掉一部分枝条，不进行嫁接。这种方法是错误的，因为嫁接树已经受伤，伤口很难愈合，所以应该全部枝条都嫁接。为了结合整形，可以将主要的枝条嫁接部位提高一些，将其他枝条的接位降低一些，以后再通过修剪控制生长，以形成良好的树形。总之，嫁接后的枝叶量以多为好，以后可以逐步进行整形修剪。

(4)砧木萌蘖的清除和利用 对于特别大的砧木，也可以适当留一些萌蘖，以增加枝叶，同时可使接活的新梢不会生长过旺。但是对萌蘖要控制生长，到翌年冬季修剪时再全部剪除。如果有些枝头没有嫁接成活，则要有计划地保留萌蘖，再进行芽接和翌年春季的补接。

第六节 核桃

核桃又名胡桃，其生长结果习性和板栗、柿子较相近，三者都是大型树冠。核桃干性较强，树姿开张，为了达到大枝少、结果小枝多的目的，其树形采用延迟开心形是比较合适的。核桃成年树的修剪有如下特点。

一、要注意克服产量上的大小年

核桃结果母枝比较多，每个结果母枝一般能生长出 2～3 个结果枝。如果风调雨顺则能形成高产，结果过多，树体消耗养分多，形成的结果枝则比较细弱，结果枝落叶后成为结果母枝。当结果母枝粗壮时，第二年能抽生出结果枝，连续结果。当结果母枝细弱时，则不能抽生出结果枝，或者形成结果枝很少，则形成产量上的小年。小年结果少，又形成结果母枝生长粗壮，充实，第二年又能抽生出较多的结果枝，结果量增加又形成大年。这种产量上的大小年现象在核桃树上表现特别明显。

要克服产量上的大小年现象，主要通过修剪来调节，即大年要进行缩剪来减少结果母枝数量，缩剪主要是剪去一部分外围枝，内膛枝保留，有利于通风透光，达到立体结果。

二、处理内膛徒长枝

核桃的潜伏芽生命力很强，在外界环境的刺激下，容易生长成徒长枝，引起树冠紊乱。对于徒长枝的处理，要根据树冠内有无空间来决定。如果有空间，可以在生长期摘心或轻截，促进形成结果母枝；如果没有空间则及时剪除。核桃进入盛果期，由于结果多使有些外围枝下垂，在下垂枝后端也容易长出徒长枝，这类徒长枝要保留，使其延长生长，以后将下垂枝逐步压缩，由徒长枝代替外围枝头，形成主侧枝头的更新。同时，形成新的结果母枝，有利于丰产和稳产。

三、改进采收方法

我国核桃产区习惯用竹竿来打青皮核桃，并且打得过早，由于核桃不易脱落，往往打掉大量树叶。秋季树叶需要进行光合作用，同时将叶片中的营养物质运输到根部和枝干中，为翌年生长和结果打下基础，大量叶片被打掉使树体受到严重损伤。同时，提早采收也明显降低核桃仁的产量和含油率，如提早 1 天采收，虽然对核桃重量减少不大，但是要降低出仁率 1.8%，脂肪减少 1.6%。现在市场上有些核桃中，仁不饱满发涩，含油率低，其重要原因之一就是采收过早。打核桃很费工，剥去核桃的青皮也困难，其实核桃成熟后能自行脱落，青皮也能自行脱开，不必用竹竿打。在我国秋季后期一般是秋高气爽，核桃果实落在地上不会霉烂，完全可用捡核桃代替打核桃，也可以结合用振动枝条落果后再收集。保留核桃叶，使树体积累更多的营养。

四、核桃树修剪的时期

核桃树冬季修剪，枝条要从伤口流出伤流液，使树体营养损失。可以在落叶之前修剪，或在春季芽萌发后修剪则无伤流液。核桃树整形之后，一般树体有内外立体结果的习性，不像板栗有明显外围结果的习性，所以核桃树修剪不必过重，一般不必动大枝条，冬季进行少量修剪就可以。

五、核桃树的嫁接

(一)常用的嫁接方法

1. 劈接法

在砧木上劈一口，将接穗插入，故叫劈接。劈接是春季进行枝接的一种主要方法。

(1)砧木切削 将砧木在树皮通直无疤处锯断，用刀削平伤口，然后在砧木中间劈 1 个深度为 4～5 cm 的垂直劈口。

(2)接穗切削 接穗留 2～3 个芽，在其下部左右各削 1 刀，形成楔形。使接穗下部楔形的外侧和砧木形成层相接。内侧不相接。接穗削面长度 4～5 cm。削面要平，角度要合适，使接口处砧木上下都能和接穗接合。

(3)接合 关键要使双方的形成层对准，最好使接穗外侧两个侧面的形成层相对。如果不能两边对齐，就保持一侧形成层对齐。注意不要把接穗的伤口都插入劈口，要露白 0.5 cm 以上，以利于伤口愈合。

(4)包扎 对中等或较细的砧木，在其劈口插 1 个接穗，(最好蜡封)，再用宽 4 cm、长 30～40 cm 的塑料条将接口捆扎起来，捆扎时要将劈口、伤口及露白处全部包严，并捆紧。

2. 双开门芽接和单开门芽接

嫁接时将砧木切口两边的树皮撬开，似打开两扇门一样，故称双开门芽接；单开门芽接，只是撬开切口一边的树皮。二者其他嫁接方法相同。适用于嫁接比较难活的品种。嫁接成活后，当年即可萌发。

(1)砧木切削 使芽片长度和砧木切口长度相等。将砧木在树皮平滑处上下各切 1 刀，使宽度适当超过芽片的宽度。再在中央纵切 1 刀，使切口呈"工"字形。如果是单开门，则在一边纵切1 刀，深至木质部。而后将树皮撬开，形成双开门或单开门。

(2)接穗切削　在接穗芽的四周各刻1刀，取出方块形状的芽片。

(3)接合　将接穗放入砧木切口中，进行双开门芽接的，即把左右两边盖住接穗芽片；进行单开门芽接的，即把砧木皮撬开，盖住接穗芽片，芽片应与撬开的一边靠紧。

(4)包扎　用宽1～1.5 cm、长30～40 cm的塑料条，将芽片捆扎起来，露出接芽和叶柄。

3. 方块嫁接

嫁接时所取芽片为方块形，砧木上也相应取一方块树皮，故称方块芽接。方块芽接接触面大，对于芽接不易成活的核桃比较适宜，嫁接后容易萌发。

(1)砧木切削　嫁接时先比好砧木和接穗切口的长度，用刀刻好记号。而后上下左右各切一刀，深至木质部，再用刀尖挑出并拨去砧木皮。

(2)接合　将芽片放入砧木切口中，使它上下左右都与砧木切口正好闭合。如果接穗芽片小一些，那没关系：如果接穗芽片大而放不进去，必须将它削小，使它大小合适。

(3)包扎　用宽1～1.5 cm、长30～40 cm的塑料条将接口捆扎起来，露出芽和叶柄。

(二)大树枝接换头技术要点

①接穗采集接穗质量直接关系到嫁接成活率的高低，应选择生长健壮，发育充实，髓心较小，无病虫害，粗度在1.0～1.5厘米的发育枝或涂长枝。接穗采集时间，从核桃落叶后直到树液流动前都可进行。接穗贮存因枝接时期。

②在四月中下旬，接穗的保存期较长，芽子容易霉烂或萌发，接穗贮藏非常关键，核桃接穗贮藏的最适温度是-5℃，最高不超过8℃。

③接穗蜡封核桃接穗要求比其他树种蜡封接穗的温度要适

当高些，封蜡温度应控制在 10～15℃，这样蜡封的接穗在嫁接过程中蜡皮不易脱落。

④砧木要求树龄在 20 年生以内，树体健壮、嫁接部位光滑、嫁接部位粗度应选择 3～10 厘米为好。

⑤嫁接时期以砧木萌动后到展一叶期为最好。

⑥砧木处理接前 2～3 天，要求对砧木造伤放水，减少伤流对成活率的影响。

⑦嫁接方法以插皮舌接最好。

⑧接后控水接后两周内要经常检查接头是否积水，若出现积水应及时造伤放水。

⑨接后除萌嫁接后应及时抹除萌蘖，防止养分消耗，利于嫁接部位愈合。

（三）幼苗芽接的技术要点

①嫁接时间：在定州核桃芽接的最佳时间为 5 月 20 日～6月 20 日。

②接穗采集：选择发育枝，接穗剪下后即将叶片从基部1.5～2.0 厘米处剪掉。接穗采集量较大时要准备好麻袋，并随时用湿麻袋覆盖采好的接穗，以防止其失水。

③接穗存放：要求现采现用，接穗采集后最多存放 3～4天，存放办法：将接穗捆好后竖着放到盛有清水的容器内，浸水深度 10 厘米左右。上半部用湿麻袋盖好，然后放于阴凉处，如存放时间较长，每天必须换水 2～3 次。

④割取芽片：在接穗接芽：上部 0.5 厘米处和叶柄下 0.5厘米处各横－1，一刀深达木质部，要求割断韧皮部，然后在叶柄两侧各纵切一刀，要求深度达到木质部但不割断木质部，这样较嫩的芽片可容易取下。

⑤砧木开门：在砧木上下各横切一刀，长度与所取芽片长度相同，然后在外侧纵切一刀，刀口深度要割断韧皮部但不伤木质部。随后用水刀从开口处将砧木的皮挑开，挑开后撕去

0.6～0.8厘米宽的皮。

⑥镶芽片：将接穗上割好的芽片取下镶到砧木开口处，注意不要将芽片在砧木上来回摩擦，避免将形成层损伤。

⑦绑缚要自下而上，绑缚严密，用力适中。

⑧剪砧接好后，在接芽上留2片叶剪砧。

⑨二次剪砧待10天左右叶柄能脱落后。少部分接芽萌动时在接芽1.5～2厘米处剪砧。

⑩绑接芽长到10厘米时去掉塑料条。影响核桃嫁接成活的外部条件和自身因素较多，各地嫁接时在参照本技术要点时一定要结合当地的立地条件和气候条件，以提高嫁接成活率。

第七节　枣树

枣树的生长结果习性与其他果树有很大的差别，因此必须单独叙述。

一、枝和芽的生长结果习性

（一）发育枝

即生长枝（营养枝），是构成枣树的骨架，在枝条中处于领导地位，故又称"枣头"。发育枝由主芽萌发而成，具有旺盛的生长能力，单轴延伸，加粗生长很快。随着枣头的生长其上的侧芽自下而上逐渐萌发，形成二次枝。

（二）二次枝

又称结果基枝，是枣树的小型结果枝组，多从发育枝的中、上部副芽发育而成，呈"之"字形弯曲生长。一般发育枝强的，其二次枝生长势也强，生长节数也多；发育枝生长势弱的，其二次枝生长也弱，并且较短。二次枝有4～13节，每节上着生1个枣股。二次枝当年停止生长后，顶端不形成顶芽，以后也不再延长生长，先端枯死。

（三）枣股

是由发育枝和二次枝叶腋间的主芽萌发而成的短缩枝，亦是枣树枝条由生长转为结果而出现的形态变异。枣股每年发芽，抽生出若干结果枝（枣吊）开花结果，故也可把枣股称为"结果母枝"。在正常情况下，枣股顶生的主芽多潜伏不萌发，而四周的副芽每年抽生出 3～5 个脱落性枝，又称枣吊。结果母枝（枣股）的生长量很小，其加长、加粗每年 1～3 毫米，由于结果母枝的年生长量小，可为枣树节省因枝条生长而消耗的养分，又可减少修剪量，是很好的栽培性状。

（四）结果枝（枣吊）

结果枝因为年年要脱落，又称脱落性果枝。由二次枝的弯曲处形成枣股后生长出来，少数是由枣头枝上直接生长出来。前者花期早，果实品质好；后者花期晚，果实品质差。

结果枝是开花结果的枝条，又是进行光合作用的重要器官。枝条纤细柔软，长 10～30 厘米，枣吊一般第三至第八节上叶片最大，第三至第七节结果最多。枣树到开花期枣吊上叶面积最大，结果后枝条下垂，可减少枝叶重叠，有利于光合作用（图 5-16）。

二、树形和修剪特点

枣树干性强，喜光，培养树形以有中央领导干基部三主枝疏散分层形为好。这种树形既适合于培养大型树冠，又可以在密植园应用。在山东省沾化县冬枣园行距一般为 3 米，株距 2 米，每 667 米^2 栽植 111 株，每株冬枣树高约 3 米，这样的高度便于果实的采摘。每株有 7 个主枝，不培养侧枝，只生长大型枝组或中小型枝组。

枣树在修剪上有以下特点。

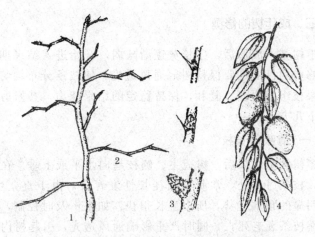

图 5-16　枣树各类枝条的生长开花及结果情况

1-枣头枝（发育枝）；2-二次枝（结果枝组）；

3-枣股（结果母枝）；4-枣吊（脱落性果枝）

（一）修剪量小

枣的结果枝每年春季长出，秋季连同叶片一起脱落，因此不存在修剪问题。结果母枝每年生长量极小，一般仅延长 1～2 毫米，结果母枝连续结果能力很强，可达十几年甚至几十年之久，所以结果母枝也不必修剪。

（二）花芽容易形成

分布比较均匀，枣树发育枝上生长出的二次枝为结果枝组，又称结果单位枝，其各节上的正芽都能萌发成结果母枝。因此，结果母枝分布比较均匀，开花也均匀，修剪上较容易掌握。

（三）不定芽容易萌发

处于顶端优势地位的芽容易发出新的发育枝，常引起树体骨干枝生长紊乱，例如形成并立的中央领导干，容易形成新的领头枝等。内膛徒长枝也影响通风透光和光合作用及枣树的产量。

三、成年树的修剪

枣树基本成形后，生长势逐渐减弱，开始进入结果期。结果期修剪的目的是要保持树冠通风透光，使枝条分布均匀，进行结果枝组的更新、复壮，保持稳定的结果能力。其修剪工作有以下几方面。

（一）清除徒长枝

枣树大量结果后，树冠主、侧枝趋向水平或下垂。在树冠中部，枝条弓背处，常萌发出徒长性发育枝，由于直立生长，具有明显的顶端优势，所以生长很快。如果不及时控制，会促进前端枝条衰老死亡，同时严重影响通风透光，引起树内膛郁闭。对这类徒长枝应在枣树萌芽以后到开花之前连续抹芽清除。

（二）处理竞争枝

结果初期的幼树生长旺盛，延长枝顶部往往萌生出 2 个发育枝，二者夹角很小，几乎并行延伸，二次枝交叉生长。冬季修剪时应保留一个延长枝，另一个从基部疏去。

（三）回缩延长枝

枣树进入盛果期，其侧枝特别是树冠下部的侧枝出现下垂生长，影响田间管理，这时在下垂枝上部往往有徒长性发育枝，这类枝条可以进行短截，培养成结果枝组，使其占领一定的空间。对下垂枝组进行回缩，在朝上生长的芽处短截，使枝条，不下垂生长，在枣粮间作的地区，处理下垂枝是重要的工作。

（四）提高坐果率的管理措施

枣树开花量很大，但往往坐果率很低，例如山东沾化冬枣要想丰产必须采取 3 项措施。一是要及时进行抹芽，即在开花前将树冠上部萌出的发育枝（枣头枝）都抹去，以减少树体营养的消耗，同时可不再扩大树冠。二是在盛花初期进行环状剥皮，环剥要在天气晴朗时进行，一般在主干上进行环剥。首先除去粗皮，再用利刀切断韧皮部，深达木质部，宽 0.2～0.5 厘米，初果期和较弱的树以 0.2 厘米为宜；大树、壮树可剥 0.5 厘米；中庸树以 0.3～0.4 厘米为宜，弱树不宜环剥。切割两圈后将两圈之间的树皮扒掉，要保持清洁，最好用纸条贴上保护伤口。

三是在盛花期喷 1～2 次赤霉素，浓度为 100 升水中加 1 克赤霉素粉剂。采用以上 3 项措施，就能明显地提高枣的坐果率。

四、枣树嫁接技术

（一）多头高接换种

要快速发展枣树优良品种，高接换种是最有效的方法。通过高接换种，可以把其他品种的枣树改造成诸如沾化冬枣等优良品种的枣树。比如用沾化冬枣作接穗，对进入盛果期的大枣树进行多头高接，它即成为一棵沾化冬枣的大树，接后翌年可恢复原有树冠，第三年进入盛果期，这是原有枣产区发展沾化冬枣的既快又好的方法。确定高接换种的嫁接部位和嫁接头数，要掌握以下 3 条原则。

第一，要尽快地恢复树冠，嫁接头数以多一些为好。因为嫁接头多，用接穗数也多，使树冠能很快恢复，枝叶茂盛，提早结果，而且丰产稳产。一般嫁接头数可为树龄的 2 倍，如 5 年生树可以接 10 个头，10 年生树接 20 个头，30 年生树接 60 个头，每增加 1 年可增加 2 个头。砧木越大，嫁接头数越多。

第二，要考虑到锯口的粗度，通常接口直径在 3 厘米左右为最好。接口太大就不容易愈合，也会给病虫害造成从伤口侵入的条件，特别容易引起各类茎干腐烂病。另外，对将来新植株的枝干牢度也有影响，愈合不良的伤口处容易被风吹断，果实负载量过大时也容易折断。

第三，要考虑到适当省工、省接穗。嫁接头数不宜过多。如嫁接头数过多，则容易引起嫁接部位距离树干较远，形成外围结果，内膛缺枝。

嫁接枣树也需要保持树形和立体结果，使树冠圆满紧凑，通风透光良好。

进行高接换种，应采用一次换头法，不能一棵树分几年嫁接。

(1)多头高接骨架　接穗要粗壮，留1～2个芽。采用合接法提早嫁接，接口要抹泥，然后套上塑料袋，外面再围一圈纸，以防阳光直晒、温度过高。

(2)合接法　接口抹泥后套上塑料袋。

(3)腹接或皮下腹接　用塑料条捆紧，再套上塑料袋。

(4)嫁接早，萌发早，可避免枣瘿蚊危害　嫁接后的当年，生长量大，恢复树冠，翌年可大量结果和营养，主要集中到没有嫁接的枝干上，嫁接部位即便成活也生长不好。所以有人怕嫁接不活伤了大树，而提倡逐步换头的方法是不可取的。只要成活率高，以一次换头成功为最好。

在一棵大树上多头高接时，不必锯一个头接一个穗。可以一次性把所有的头锯好后再接，以免锯头时碰到已接好的枝条，或锯头时震动已接过的部位，导致接穗松动而影响成活率。嫁接时，砧木伤口暴露一段时间(如半天)不会影响成活率。但接穗切削插入后必须立即包扎，以防接穗失水。

多头高接方法的选用，与嫁接时期和砧木接口的粗度有关。嫁接时期早，砧木还没有离皮，对接口小的砧木，可用合接法，对于接口较大的砧木可用劈接法。嫁接时期较晚，砧木已经离皮，可采用插皮接。接口的包扎方法，也需灵活掌握。对于接口小的，要采用塑料条捆绑；接口大的，除用塑料条捆绑外，还要套塑料口袋。对于内膛缺枝的，可用皮下腹接来补充内膛的缺枝，使嫁接后树冠紧凑，能很快恢复树冠和提早结果。

(二)防止枣瘿蚊危害的嫁接技术

在枣产区常发生枣瘿蚊危害枣树。枣瘿蚊幼虫吸食刚萌发的嫩叶，并刺激叶肉组织，使受害叶反卷呈筒状，不久即变黑枯萎。枣瘿蚊成虫在 4 月份羽化，产卵在刚萌发的枣芽上，5 月上旬是其危害盛期。由于嫁接树接穗芽萌发比一般枣树要晚，所以枣瘿蚊常集中到萌发晚的嫩叶上危害，使刚萌发的芽凋萎而死亡，嫁接不能成活。为了防治枣瘿蚊的危害，提高嫁接成活率，在嫁接技术上需有所改进。

(1)接口套塑料　袋嫁接后套上塑料袋，可以保持接口湿度，促进愈伤组织生长，有利于接穗成活，使其不会因水分蒸发而抽干。由于接穗萌发后处在塑料袋里面，枣瘿蚊无法进入其中危害枣芽，因而能保护枣芽正常的萌发和生长。由于枣瘿蚊专门危害嫩叶，不危害老叶，因此到接穗的叶片长大后，再打开塑料袋，枣瘿蚊就不危害这种老熟的叶片了。这样就克服了枣瘿蚊的危害问题。

(2)适当提早嫁接　由于枣树萌芽晚，因此在正常情况下，枣树春季嫁接的时期也比较晚。但是在罩住接口和接穗的塑料口袋内，到 5 月份太阳直晒时温度非常高，可超过 42℃。虽然枣树比较抗热，但是其新梢幼嫩，耐热性较差，加上塑料口袋小，叶片紧贴塑料薄膜，也容易被烫伤，为了降低温度，可在塑料口袋外再围一圈纸。另外，要把嫁接时期适当提前，以免嫩梢在塑料口袋内被高温烫伤。枣树提前嫁接，由于塑料袋内能增温，因而也能促进提早愈合和接芽提早萌发，躲过枣瘿蚊的危害。另外，嫁接的枣树生长期长，生长量大，能提早恢复树冠和提前进入丰产期，获得一举两得的效果。

第八节　葡萄

葡萄和猕猴桃是多年生蔓性藤本浆果类果树，生长非常旺盛，开始结果年龄比较早，10 年左右生枝蔓开始表现生长衰退。但是复壮能力很强，经过回缩修剪后，很容易重新长出新枝，所以寿命长，能较长时间保持高产。在生长结果习性上与一般果树有较大差别，下面谈一下葡萄的生长结果特性和修剪管理要点。

一、葡萄的芽

在葡萄新梢的叶腋间，一般着生有 2 个芽，大的叫冬芽，小的叫夏芽。冬芽外有鳞片，外观是 1 个大芽，实际是由 4～9 个小芽所组成。位于正中的是主芽，在主芽周围的叫副芽或叫贮备芽。冬芽在形成的当年，通常不易萌发，越冬后才萌发。但如果受到刺激，例如把周围副梢都抹除，亦能使冬芽萌发，形成冬芽的二次梢，也能开花结果。冬芽越冬后，翌年春季萌发形成新梢，新梢上着生有花序的叫结果蔓或结果新梢，是构成产量的主要基础。但是枝蔓基部的冬芽邻接很近，比较瘦小，采用极短截修剪，则能促使基部芽萌发，而且结果也较良好。

夏芽着生在叶腋中冬芽的旁边，表面有茸毛，没有鳞片，是一种"裸芽"。随着新梢的生长，夏芽随时可以萌发，从夏芽萌发生长的新蔓叫副梢，副梢上的夏芽也可再萌发出二次副梢，甚至三次、四次副梢，容易造成叶片过多使架面荫蔽，所以生产上要多次摘心，控制生长。

在葡萄茎蔓上，有些芽在第二年不萌发而形成潜伏芽，葡萄的潜伏芽再萌发力很强，如果条件适宜，能抽生出强壮的新蔓。

二、葡萄的枝蔓

葡萄树体可分两部分：一部分是不带叶片的老蔓，另一部分是带叶片的新蔓。老蔓构成葡萄的骨干，新蔓则是产量构成的主要部位。

从地面到着生主蔓之间的主干又叫老蔓，主干上分生出的蔓叫主蔓。在北方为了便于埋土防寒，可以没有主干，多采用无主干多蔓整形法。主蔓分生的枝蔓叫侧蔓，在整形修剪上有的留侧蔓，也有的不留侧蔓叫"一条龙"整形法。

主蔓或侧蔓能萌发新蔓，有结果母蔓和发育蔓2种，其结果母蔓萌发形成结果蔓，有花序能结果，而发育蔓不能长出有花序的结果蔓，所以发育蔓又叫预备蔓。

葡萄的结果蔓是从结果母蔓上生长出来的，结果的数量、每穗的花数、坐果率和果实的品质都与结果母蔓的生长状态相关联，故在修剪时必须对结果母蔓进行培养和选择。优良的母蔓可从以下三方面来观察。

（一）伸长状态的外观

节间长度为其品种应有长度中较短的为好，节部凸出，不平直，芽高耸，枝自由伸展至20多节后自然停止生长，或经过一次摘心后即停止生长。副梢一般不发生或有少数发生，伸长仅2～3节即停止生长。这类枝蔓是优良结果母蔓的性状。

（二）粗壮状态

优良的母蔓须自基部到前端圆而肥壮，髓心小，木质厚，导管细，自基部向先端没有急剧细瘦，如同竹竿很自然地向先端逐渐缩细。因为结果母蔓往往是去年的结果蔓形成的，如自果穗着生处急剧细瘦的状态，为结果过多、营养不足的症状，无作为结果母枝的价值。从母蔓的横切面来看，有的为圆形，有的呈扁圆形或偏心形。从结果母蔓的生长结果来看，圆形的结果母蔓为好，扁圆形和偏心形的较差。

（三）表皮色泽

结果母蔓表皮的色泽与品种有关，在同一品种中都是充实良好的枝蔓偏向白色，而成熟不良的枝蔓偏向赤色。在受病虫危害或台风灾害引起早期落叶时，结果母蔓的表皮也呈赤色；在结果量过多或秋季气候多阴雨的年份，枝蔓也偏向赤色。所以，要培养和选用偏白色的结果母蔓。

结果母蔓上抽生结果枝蔓的生长结果状态，不同的位置有区别，一般在母蔓第一节或第二节芽往往发育较差，抽生的结果枝蔓所生的花穗较小或不能形成结果枝蔓。从第三节以上，每节冬芽都能抽生出良好的结果枝蔓，能继续到 10 节以上。通常有徒长性状的结果母蔓，其优良结果枝蔓发生的节位离基部较远。因此，夏季适度摘心，抑制母蔓生长，以促进基部腋芽的充实，则可使优良的结果蔓近于母蔓的基部发生，而且还能使第一或第二节上的芽也能发生优良的结果蔓，而产生饱满的果实。

三、葡萄的花序、果穗和卷须

葡萄的花序是复总状花序，花序从穗轴上多级分枝，在分枝顶端着生成簇状小花。花序在开花结果后形成果穗，每个结果蔓形成花序的数量因品种而异，一般 2 个左右，从结果母蔓中部萌生的结果蔓比由基部萌生的或在 8 节以外形成的，通常要多一些，果穗也大。

有些果穗上的果粒，因授粉、营养状况等原因，而形成豆粒、小粒、青粒等现象，影响果穗的整齐度和品质，需在果实生长期进行疏果，可提高品质。

葡萄的卷须着生在节上、叶柄的对侧。在栽培条件下，卷须没有什么用途，不仅消耗养分，同时缠绕在枝蔓、果穗上，缢伤枝蔓和果穗，因此应该摘除。

四、葡萄的架式和架材

葡萄在生产上的架式和架材多种多样，这里主要介绍篱架和棚架两大类。

（一）篱架

一般平地大面积的葡萄园多采用篱架。篱架的架面基本上和地面垂直，形似篱笆，故名"篱架"。篱架的优点是通风透光好，管理方便，适宜密植和机械操作。篱架又分单篱架、双篱架和"丫"形篱架等(图 5-17)。

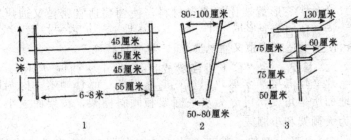

图 5-17　单篱架、双篱架和"丫"形篱架
1-单篱架；2-双篱架；3-"丫"形篱架

(1)单篱架　每行葡萄立一排支柱，支柱之间相距 6～8 米。支柱一般高 2.5 米，地下埋入 50 厘米，地面保留 2 米。根据地区和品种株型大小不同，支柱高度也有 1.5 米和 2.2 米(地面以上高度)。每行支柱上拉 4～5 道铅丝，第一道铅丝距地面 55 厘米，以上各道铅丝相距 45 厘米左右，最上面一道铅丝至柱顶。

(2)双篱架　每行葡萄设 2 排支柱，支柱高度比单篱架稍低，一般地面以上高度为 1.8 米。两支柱底部间距 50～80 厘米，上部间距 80～100 厘米。呈向外倾斜状。每行支柱上拉 3～4 道铅丝。葡萄植株的枝蔓分别绑在两侧的篱架上。双篱架和单篱架相比，要求架材较多，成本高；上架、摘心、绑蔓、喷药也不太方便，比较费工，但产量较高。

(3)"丫"形篱架　定植密度为株距 1 米、行距 3 米。全架分 3 段和 5 道铅丝，离地面 50 厘米处为第一段，拉一道铅丝，主要作用是将每行葡萄按株分开两边上架，即第一株向右，第二株向左，上架后的葡萄就成为 2 米的架面距离。第二段距第一段 75 厘米，在第二段处有一横梁，长度 60 厘米，横梁的两端各有一道铅丝通过。第三段距第二段又是 75 厘米，也有一道横梁，这段横梁要比第二段横梁长，为 130 厘米，两端也各有一道铅丝通过。架杆全长 2.5 米，地下埋 50 厘米。每行葡萄的枝蔓上架后，经过整形修剪和捆绑，全行植株架面形成一个"丫"形。这种"丫"形篱架比较节省材料，使葡萄适宜密植又通风透光，产量高且较稳产。

（二）棚架

在立柱上设横梁或拉铅丝，形成荫棚，故称棚架。以架面与地面所呈角度，可分为水平棚架和倾斜棚架，按架面大小又分为大棚架和小棚架。

（1）水平大棚架　架高 2 米左右，每隔 4～5 米设一支柱，大面积栽培支柱呈正方形排列，棚架顶部每隔 60～70 厘米纵横拉铅丝形成网格式。这种架型高大，不便葡萄下架越冬埋土。由于架下空气流通，湿度小，所以适宜于南方采用。另外，在水渠、道路两旁也可采用这种棚架。由于架顶长度较短，也称水平棚篱架。

（2）倾斜大棚架　通常架跟高 1 米左右，架梢高 1.8～2.3米，中间设若干不同高度的支柱，架长 8～15 米，宽度不限，棚顶用铅丝拉成网格，葡萄蔓倾斜爬在架面上。这种架式通风好，产量较高。如果在山区，可以顺山坡搭架，能充分利用空间。但由于架型大，冬季把植株埋起来不方便，所以适宜在较温暖地区采用。

（3）倾斜小棚架　在形式上与倾斜大棚架基本相同，架跟高1.3～1.5 米，架梢高 1.8～2.2 米，倾斜度较小，架面较短。倾斜小棚架进入结果期早，结果部位易控制，也比较容易更新。在土层深厚的地区，一般品种都可采用这种方式。

以上水平大棚架、倾斜大棚架、倾斜小棚架所用架材常用的支柱有水泥柱、木柱、石柱、竹柱，个别葡萄园也有用钢管和活支柱（利用杨柳棒栽于行间，成活后控制树冠生长）。支柱分中柱和边柱，支撑架面的为中柱，立于四周的为边柱。边柱除了起支撑作用外，还要负担铅丝的拉力，所以边柱要粗而牢固，埋入土中要深一些。横梁多用竹竿，跨度大的竹竿要粗，跨度小的竹竿可细一些。铅丝一般用 10～12 号的，大面积长距离要用 10 号的，小面积短距离可用 12 号铅丝。

（三）其他架式

目前国外常采用比较简单的两种架式，即高宽垂架式和单竿自由式，我国也应该借鉴。

（1）高宽垂架式　架高 2 米以上，壁宽 1～1.2 米，新梢自由悬垂在架下。这种整枝方式具有通风透光良好，有效架面相对增多，省工，适于机械化作业和修剪等田间作业。

（2）单竿自由式　架高 1.7 米，株行距 2 米×3 米或 2 米×4米，即每隔 2 米埋 1 支柱，上面用 8 号粗铅丝连接。葡萄的主蔓缠于铅丝上，结果母枝间距约 20 厘米极短截修剪，结果枝下垂生长，不需要抹芽打顶和绑蔓，修剪、采果、喷药都很简单方便。

以上 2 种架式都是让葡萄下垂生长。

五、葡萄的整形

由于葡萄是蔓生果树，整形和立架形式相关联，所以这里结合立架来讲述。

（一）篱架整形

冬季需要埋土的地区以及小株型品种，适合用篱架，其葡萄单株生长量比较小。篱架葡萄的整形一般有 2 种，一种是扇形，另一种是水平形（图 5-18）。

（1）扇形整枝　扇形整枝时如果每棵培养 2 个主蔓则为小扇形，培养 3 个主蔓为中扇形，培养 4 个或 4 个以上的主蔓为大扇形。生产上培养 4 个主蔓较多。葡萄定植的扦插生根苗长到40～50 厘米高时摘心，同时选出 4 个新梢作为主蔓，其他抹除，使主蔓生长健壮。到冬季每个主蔓剪留 40～50 厘米。第二年萌芽后，每个主蔓上保留 2～3 个着生部位恰当的新梢。待新梢长到 40～50 厘米时进行摘心处理，使其生长健壮充实，冬剪时留

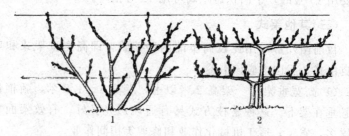

图 5-18　扇形整枝和水平整枝
1-扇形整枝；2-水平整枝

5～7 个芽剪截，作为下一年的结果母蔓。第三年萌芽后，根据结果母蔓的粗度和生长情况，每一个结果母蔓上保留 2～3 个结果蔓，冬剪时，第二年的结果母蔓变成侧蔓，结果蔓成为翌年的结果母蔓，到此树形基本完成。以后每年冬季对结果母蔓进行单蔓或双蔓更新。

　　在主蔓绑架时按扇形使主蔓斜向生长，根据顶端优势的规律，比较直立的主蔓一般生长旺盛，斜生角度大的生长较弱。为了平衡各主蔓的生长势，对生长旺的主蔓绑架时斜度要大一些，对生长较弱的主蔓要比较直立地绑架。

　　(2)水平整枝　常用的有双臂单层水平整枝和双臂双层水平整枝 2 种。第一年定植苗培养 1 个强壮新梢。当新梢(作主干)长到 40～50 厘米时，及时摘心，同时在新梢上部留 2 个副梢，其余一律抹掉。待副梢长到 40 厘米左右时，也应及时摘心，使枝条充实。冬剪时留 8～10 个饱满芽剪截，作为主蔓。第二年春两个主蔓向左右两个方向水平绑于第一道铅丝上即为双臂。在双臂上每隔 20 厘米左右留一个新梢，垂直向上引绑。到冬季主蔓先端选一健壮梢作为延长枝，一直到株间相接。

　　(二)棚架整形

　　一般选用多主蔓扇形整枝或多龙干整枝(图 5-19)。

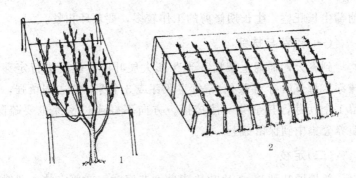

图 5-19 棚架多主蔓扇形整枝和多龙干整枝
1-多主蔓扇形整枝；2-多龙干整枝

(1)多主蔓扇形整枝　每株选留 3～5 个主蔓,每个主蔓上有几个侧蔓,整个植株呈扇形分布于架面上。冬剪采用长、中、短梢混合修剪方法。具体步骤是第一年选留 3～5 个新梢作为主蔓,冬剪时各留 5～7 个饱满芽剪截。第二年主蔓上各留 2～3 个新梢,新梢长出副梢后留 1～2 片叶摘心,培养侧蔓。冬剪时延长蔓(带头蔓)剪留 80～100 厘米,侧蔓剪留 60～80 厘米。第三年侧蔓上每隔 20 厘米左右留一新梢,冬剪时按枝条生长势强弱和空间大小来修剪,空间大的要长剪,空间小的要短梢修剪,以后主要是继续培养主侧蔓,使植株尽快布满架面。

(2)多龙干整枝　从地面培养若干条主蔓,主蔓相距 20～30 厘米,架于架面上,主蔓上不留侧蔓,每隔 20～25 厘米培养 1 个新梢,每年秋后冬剪时,除顶端 1～2 个延长枝进行长梢修剪外,其余新梢采用短梢或极短梢修剪,作为翌年的结果部位。这种整枝方式比扇形整枝省工,容易掌握。

七、葡萄生长期修剪

葡萄生长期修剪又称夏季修剪,目的是控制营养生长,改善通风透光条件,减少病虫危害,促进果实发育,提高产量和品质,促进花芽分化,为当年和翌年生长结果创造良好条件。

葡萄生长旺盛,生长期修剪的工作较多,要环环扣紧。

(一)定芽与抹芽

到春天,葡萄上架后,当芽膨大展叶时,就要进行定芽和抹芽。每节(1个芽眼处)常发生双芽或3个芽,要去弱留强,只留1个壮芽,其余芽一律抹掉。方向不好或过密芽也要疏除,使养分集中到保留芽上。

(二)定枝

新梢展叶到3~4片叶并能见到花序时,就要定枝,即对无花序或花序分化不良和过密新梢适当疏除,保留健壮和分布均匀的结果蔓。

(三)新梢摘心

对幼树,当新梢长到40~50厘米时,需进行摘心,有利于枝条粗壮充实和花芽分化。对成年树,在开花前或开花初期摘除新梢顶尖,使养分转入花穗,可明显地提高坐果率。摘心的程序,一般在着生花序以上5~8节处摘心;强枝要重摘心,留叶少一些;弱枝则较轻摘心,留叶多一些。对发育枝一般在13~14片叶处摘心。以后各类枝的延长蔓又会长出二次蔓,在长出5~6片叶时再摘心。对侧芽萌生的副梢都只留1~2片叶摘心,以控制生长。

(四)疏穗和整穗

首先要把过密的花穗疏去,一般强壮蔓留1~2个穗,中庸蔓留1个穗,弱蔓不留穗。对落花落粒和大小粒比较严重不齐的品种,在初花期摘去整个花序1/3的穗尖,不仅能减少落花落粒,而且可使穗形整齐紧凑,果粒增大。同时,可把不合适的副穗去掉,使穗形更美观。

(五)副梢的处理

新栽葡萄,如果要培养2条以上新梢作主蔓时,主梢要早摘心，以下抽生出来的副梢培养成主蔓。

对于成年葡萄则果穗以下的副梢全部抹掉，果穗以上的副梢保留 1～2 片叶摘心，顶端摘心后保留顶端一个副梢继续生长。这种方法，既可防止冬芽抽生新梢，又可增加叶面积促进光合作用，满足果穗生长发育的需要。

（六）引绑枝蔓

葡萄出土以后，就要对主蔓、侧蔓、结果母蔓进行引绑。绑蔓时要注意顶端优势和近根优势，对强蔓和近根蔓要斜绑，对弱蔓和远根蔓要直立绑，可平衡树势。要把这些枝梢均匀分布，有利于通风透光。新梢生长后，在开花前要再引绑，使新梢分布合理，互相之间相距保持 20 厘米左右，保证每个新梢都有一定的空间生长。在绑梢时要使果穗隐垂于叶片之下，避免前期强光暴晒而发生日灼。

（七）去卷须与摘叶

结合新梢捆绑、摘心、处理副梢等措施，把卷须也及早去掉。在果实着色之前，对葡萄架下层的部分老化叶片摘除，这部分叶已失去制造积累养分的功能，使通风透光良好，有利于葡萄果实的着色和提高品质。

八、葡萄树嫁接技术

（一）嫁接育苗

嫁接育苗一般有 2 种方式：一是先扦插繁殖砧木，然后再嫁接优种葡萄。二是将未生根的砧木枝条和接穗嫁接在一起，然后扦插，即把嫁接和扦插结合起来。现在介绍后一种快速发展优良葡萄苗木的方法。

嫁接时期在 1～2 月份，于温室中进行。先取出预先冷藏的砧木接穗。砧木苗 2 个芽，长度近 10 厘米，下端剪成马耳形斜面，上端在直径处切一切口。选粗度和砧木相等的接穗，留 1

个芽，在芽上边 1 厘米处剪截，在芽下边约 5 厘米处，削 2 个马耳形削面，使之呈楔形，用劈接的方法进行嫁接。嫁接后，将嫁接苗捆成捆，使下口齐好。然后将伤口浸泡在含有 100 毫克/升萘乙酸溶液中。要注意不要使接口浸泡溶液中，而是使接口下 2～3 厘米长的部分浸入溶液中，浸泡 8～12 小时，然后再扦插。

温室内要事先做床，床深 15 厘米，在底部铺电热丝。在电热丝上面铺 2 厘米厚的细土，在细土上面再放置装有营养土的塑料袋。塑料袋可用圆筒状的，直径为 8 厘米，高 20 厘米，没有底(一般先在塑料长管内装土然后切断，长 20 厘米)，一个挨一个地排满在床内。然后将嫁接好的葡萄苗插在塑料袋内，使接芽在土的表面，似露非露即可。注意营养土要疏松湿润，插入葡萄苗后不再浇水，只可以表面喷一些水，但水不能渗到接口处。如果浇水渗入接口，则妨碍嫁接口的愈合，接口土壤过干也影响愈合。所以在扦插时要注意保持营养土的湿度，要求手捏能成团、土团掉在地上能散开。

以上嫁接和扦插完成后，地热线要加温，使插条基部马耳形伤口处的温度保持在 20～25℃，嫁接处的温度也能在 20℃以上，而整个温室的温度不宜过高，可抑制芽萌发。到接后 20天，砧木下伤口长出很多愈伤组织并开始生根，嫁接处也长出愈伤组织，使砧木和接穗愈合，同时芽也开始萌发。1 个月以后，可进行浇水等正常管理，地热线可停止加热。到 4 月中旬，可以将苗移到大田。这时地下部分根系发达，嫁接愈合良好，地上部分已生长约 10 厘米高，长有 4～5 片叶。移苗时要做到土团不散，一般用刀片将塑料薄膜纵划破，将带土团的优种苗栽入苗圃中。经过精心管理，秋后可形成壮苗出圃。

(二)高接换种

葡萄植株有一些特点：一是葡萄植株伤流液多。伤流液主要在芽萌发之前有很多，芽萌发后就很少了。在有叶片的情况下，截断枝条则没有伤流液。所以，嫁接一般不宜在春季芽萌发之前进行。二是葡萄老枝条树皮很薄，也不易离皮，所以不宜用插皮接。三是葡萄芽很大、隆起，一般也不宜用不带木质部的芽接。葡萄高接换种，可采取以下嫁接方法。

（1）老蔓嫁接 对于较大的葡萄要换种。为了节省劳动力和接穗，需要在春季嫁接在老蔓上。同时为了减少伤流的影响，嫁接时期要晚一些，等到展叶后嫁接。在嫁接时要保留一些基部生长的小枝，叫"引水枝"，使根压产生的伤流液通过小叶片蒸发掉，而不影响伤口的嫁接，嫁接前对接穗要进行冷藏。嫁接时接穗不能萌发，应将接穗蜡封后再嫁接。

进行老蔓嫁接，采用劈接法。接口用塑料条捆紧包严。接芽萌发后，要控制"引水枝"的生长。到接穗大量生长后，可将"引水枝"剪除，以免妨碍接穗的进一步生长。

（2）嫩枝嫁接 先将老的葡萄蔓从基部进行更新短截，刺激基部重新发出生长旺盛的新枝。萌芽后，要适当择优选留，抹除过多的萌芽。在5～6月份，嫩枝木质化较好时，进行嫩枝劈接。在接口下要留5片叶左右，但要控制叶腋芽的萌发，对萌发的芽及时抹除，以促进接芽的萌发生长。在进行嫩枝多头高接时，每一个新梢都要嫁接接芽。

（3）带木质部芽接 对于比较小的葡萄砧木，以及大砧木嫁接后生长出来的萌蘖，或没有嫁接成活的砧木新梢，都可以实施带木质部芽接。在秋季9月份，采用嵌芽接方法进行嫁接。接后用塑料条进行全封闭捆绑，不要剪砧。到初冬埋土前或不埋土地区的冬季，再进行剪砧，剪到接芽前1厘米处。到翌年芽萌发后，保留嫁接芽生长，而将砧木生长的芽全部抹除。

葡萄高接时枝蔓很多，适宜进行多头嫁接，可加速发展优良品种。

第九节　猕猴桃

一、枝条

猕猴桃的枝条可分为营养枝和结果枝两大类。

（1）营养枝　指那些只进行枝叶的营养生长、不能开花结果的枝条。按长势的强弱，又可分为发育枝、徒长枝和弱枝3种。其发育枝生长势中等或较强，长度一般在1.5米左右，枝上每个叶腋间均有芽，茸毛短而少，较光滑。此种枝条多见于未结果的幼年树上，由多年生枝萌生出来。发育枝往往是翌年较为理想的结果母枝。徒长枝生长极为旺盛，直立向上，其节间长，茸毛多而长，不充实，常从老枝基部隐芽萌发而成，长度3米以上，枝条顶端可分生二三次枝。弱枝是指枝条短小细弱，长度约15厘米，常生于光照不足之处，其生长往往越来越弱而枯死。

（2）结果枝　按其长度可分成长果枝、中果枝和短果枝。

长果枝：是指50厘米以上的枝条，通常是从结果母枝上的芽发育而来。其中，结果母枝的上位芽萌发形成的枝条，生长健壮而且较旺，停止生长晚，结果能力差，一般坐果1～2个，可称之为徒长性果枝。而在结果母枝上斜生芽或平生芽萌生出来的结果枝，生长健壮，组织充实，腋芽饱满，这种长果枝能结5～7个果，果实较大，且能连续结果，是理想的长果枝。

中果枝：枝条长度40～50厘米，是由平生或斜生的芽萌发形成，坐果4～5个，其果实较大，品质好，生长势中等，组织充实，结实性稳定，能够连续结果。

短果枝：枝条长度在30厘米以下，多由平生芽或斜生芽生长萌生出来。此种枝条的节间短，停止生长较早，坐果3～4个，果实比较小，连续结果能力差。此外，还有在10厘米以下的称短缩果枝，结果以后逐渐衰老枯死。

以上各类果枝连续结果能力强的，即结果后到冬季则可形成结果母枝。结果母枝翌年又能抽生出结果枝。猕猴桃生长量很大，顶端优势很明显。枝条在架面上延长生长时，背上芽的位置好，萌芽率高，具有较强的优势，抽生后常形成徒长枝或长果枝。斜生芽和平生芽则抽出生长势中等的新梢，结实率高。下位芽则萌发率低，芽不易萌发，常呈休眠状态。

二、芽的特性

猕猴桃的芽着生在叶腋内，外面包有 3~5 层黄褐色鳞片，通常 1 个叶腋内有 1~3 个芽，中间较大的为主芽，两侧较小的为副芽。主芽萌生成新梢，而副芽一般不易萌发，多变成潜伏芽，所以猕猴桃潜伏芽很多，有利于更新修剪。猕猴桃的花芽饱满肥大。结果枝萌发后，在梢下部，每个叶片叶腋内形成花蕾，如形成 5 个花蕾，则新梢基部 5 个叶片，每个叶片叶腋内形成 1 个猕猴桃果。因此，结果枝的基部形成 5 个盲节。如果要连续结果，则冬季修剪时在盲节前再留一定数量的芽短截。猕猴桃是雌雄异株植物，雌性树雌花中也有雄蕊，但花药退化，偶尔也有雌雄同株现象。雄性花花柱退化，雌雄花芽着生的位置基本是相同的。雄株因为不结果，消耗营养少，故生长旺盛，必须加以控制。

三、猕猴桃的架式和整形

猕猴桃和葡萄一样，都属蔓生，其架式主要有篱架及棚架两大类。篱架又可分为单臂篱架、双臂篱架等，棚架又分平顶棚架、倾斜式小棚架和倾斜式大棚架等。在新西兰"T"形棚架应用极为广泛，我国也有应用，架材较省，适合猕猴桃管理（图5-20）。

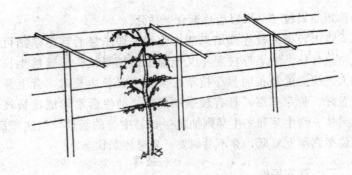

图 5-20　猕猴桃"T"形棚架及整形

（1）"T"形小棚架　用单行支架，一般行距为 4 米，每隔 4～6 米设一根支柱，支柱长 2.6 米，埋入土中 0.6 米，地面柱高 2 米。在支柱上从上到下拉三道铁丝（或铅丝），第一道铁丝在柱顶，然后向下每隔 0.6～0.7 米分别拉上第二、第三道铁丝，这上下三道铁丝构成篱架的架面。另外，横梁两端各拉一道铁丝，与支柱顶端一道铁丝构成棚架的架面。

（2）"T"形小棚架整形　该种整形的具体步骤为：苗木栽植在两个支柱之间，从地面到架面只留 1 个主干，使主干延伸到架面上以后，选留 2～3 个永久性主枝，分别向两端牵引并及时绑缚到铁丝上。在主枝上每隔 5 米左右选留 1 个结果母枝，在结果母枝上每隔 0.3 米左右配置 1 个结果枝。当结果母枝和结果枝超出横梁最外一道铁丝时，任其下垂生长，到冬季修剪时再进行回缩修剪。

这种树形通风透光好，产量高，管理方便。但在果园四周的立柱要牢固，特别是两头要固定好，以防风害。

四、猕猴桃的修剪

在完成整形以后，就要用正确的修剪方法来调节生长与结果的关系，尽量使枝条分布合理，提高果实的产量和品质。猕猴桃的修剪方法可分冬季修剪和生长季修剪 2 种。

(1)冬季修剪　由于猕猴桃在春季萌发之前伤口会流出伤流液，所以冬季修剪的时期要在落叶2周至翌年春季枝蔓伤流期到来之前2周进行。为了防止结果部位远离主枝，各类枝条都要进行短截。

徒长枝：生长旺盛，一般长2米以上，节间长，不结果，无空间时应剪除，有空间生长可以培养成以后的结果母枝，可从12～14芽处剪截。

徒长性结果枝：长1.5米以上的枝蔓坐2～3个果，这类枝为翌年良好的结果母枝，也可以从12～14芽处剪截。

长果枝：50～150厘米长的结果枝，坐果5～7个，从盲节后7～9芽处剪截，是良好的结果母枝。

中果枝：30～50厘米长的结果枝，坐果4～5个，从盲节后4～6芽处剪截，是良好的结果母枝。

短果枝：5～20厘米长的结果枝，坐果3～4个，从盲节后2～3芽处剪截能连续结果。

发育枝：不结果，修剪时看其空间及枝条强弱而定，对生长中庸者要适当保留，无空间要疏除。

衰弱枝、病虫枝、交叉枝、重叠枝、过密枝，一般不保留，从基部疏除。

猕猴桃节间长，生长量大。同时，结果部位成为盲节，不能萌芽生枝，因此结果部位上移，外移较快，为此应及时更新结果母枝，避免枝条出现光秃现象。对已经3年连续结果的要及时更新，对结果母枝衰弱的要从母枝基部疏除。如果在母枝基部有健壮的结果枝或发育枝，可将结果部位回缩到健壮部位。通常每年可对树体1/3左右的结果母枝进行更新。通过结果母枝逐步有计划地更新，可保持健壮的树势和稳定的产量。

(2)生长季修剪（夏季修剪）　主要任务有以下几点：

抹芽：一般4月份芽萌发时进行，对双生芽、三生芽只留1个，其他抹除，结果母枝上着生5～6个结果枝，即能丰产优质，过多的萌生芽也应抹去，较弱的结果母枝上还应少留结果枝。对基部萌生的潜伏芽，无用的也要抹除。

摘心：当发育枝长到 0.8～1 米时，要及时摘心，可促进枝条健壮、充实，为翌年丰收打好基础。对生长旺盛的结果枝可在结果部位以上保留 7～8 片叶摘心，较弱的结果枝不摘心。第一次摘心后枝条还会萌生二次副梢，留 3～4 片叶再摘心，萌发的第三次副梢留 2～3 片叶再摘心，结果枝摘心正在始花期，有利于提高坐果率和果实的膨大。

剪枝和疏枝：在摘心、抹芽工作未能及时全面进行时，夏季进行剪截，可弥补前期工作的不足。对于重叠枝、过密枝、强壮背上枝、枯死枝、背下过细弱枝、病虫枝，以及下垂地面枝等要剪除。

绑缚枝蔓：要把枝蔓以水平均匀地固定在架面上，结果母枝上，以 10～15 厘米的间隔安排结果枝，在每平方米的架面上有 10～15 个分布均匀的健壮枝条。枝条新梢之间不要重叠交叉。绑缚材料以塑料条为好。

雄株修剪：由于雄株的生长势强，必须适时加以控制。在开花以后将花枝立即短截至 50～60 厘米长，冬季修剪时剪留 75～80 厘米长。要使雄花有充分的光照，以利于蜜蜂传粉。

五、修剪中应特别注意的几个问题

第一，猕猴桃枝蔓髓心中空，组织疏松，剪截时要在剪口上部留 3～4 厘米长的活桩，以免剪口芽抽干死亡。

第二，猕猴桃伤流特别严重，修剪期要避开伤流期，夏季最好采用抹芽、摘心等措施，尽量减少伤口。

第三，猕猴桃早实性比较明显，幼树不要重截重疏，要多留枝条提早结果。冬季修剪时要特别留心鉴别枝蔓的类型，做到留优去劣。

六、猕猴桃的嫁接技术

（一）砧木的选择与育苗

（1）砧木的选择　北方引种中华猕猴桃时，可选用当地抗寒的狗枣猕猴桃作砧木，以增强抗寒性。福建省农业科学院果茶研究所选用中华、毛花和阔叶 3 种猕猴桃作砧木，分别嫁接中华猕猴桃和美味猕猴桃，结果表明，中华猕猴桃嫁接在 3 种不同的砧木上，均表现良好的亲和性，生长情况几乎没有差别；而美味猕猴桃用阔叶猕猴桃为砧木，嫁接亲和性较差，萌芽率和新梢生长量均低，与其他 2 种砧木嫁接时表现较好。新西兰人嫁接繁殖猕猴桃时，大多用布鲁诺和艾博特 2 个品种的实生苗作砧木，因其繁殖容易，生长势强，比用海沃德实生苗作砧木表现好。

（2）种子采集及处理　猕猴桃果实的种子小而多，一般每个果实中含种子 200～1 200 粒，千粒重 1.3 克左右。只要采种时期适宜，方法得当，就容易获得优质的猕猴桃种子。

选择生长健壮、无病虫害、果实品质优良、高产稳产的优良品种植株作为采种母树。要在果实成熟时采收。将所采的果实放在室温下自然存放。待果实后熟变软后，除去果皮，将果肉连同种子揉碎，放在纱布袋内，挤去果汁，然后放在盆中用水淘洗，将果肉、杂质和不饱满的种子漂洗掉。将取得的种子置于室内，薄摊阴干(不能暴晒)，然后装入布袋，写好名称标签，贮藏于通风干燥处备用。

3 月中下旬，一般在播种前暴晒 1 天。翌日用 200 毫克/升赤霉素溶液浸种 5～8 小时。捞出晾干后拌上 5 倍的湿沙，可满足种子发芽需要的水分和通气条件。用赤霉素处理主要是激活种子，达到出芽一致的目的。在室温下，大约 10 天即发芽，可以用来播种。

（3）播种和移苗　选沙壤土做畦，同时喷洒硫菌灵或多菌灵药液进行土壤消毒。然后用细耙平整地面，做高垄。因种子细小，可以将发芽的种子与催芽的湿沙一起进行播种，播后喷足水，盖上约为种子湿沙 2 倍厚的沙土搂平。畦上搭塑料小拱棚。温度过高时，小拱棚上要再覆黑色遮阳网遮阴。播后 1 个月可以出齐苗。

用以上方法播种，出苗一般比较密。当幼苗生长到 3～5 片叶时，可以进行移栽。为了加速砧木苗的生长，也可以把播种期提早到 1 月份以前，在温室中播种。然后到 3 月底至 4 月初，幼苗长到 3～5 片叶时，即可移栽。猕猴桃幼苗怕太阳直晒，要注意遮阴和喷水，提高空气湿度，以减少叶片水分蒸发。经过移栽的苗木，比不移栽的根系发达，地上部生长健壮，能达到当年嫁接的标准。

(二)幼苗嫁接

(1)嫁接时期　猕猴桃的嫁接时期，可根据砧木生长情况，在春、夏、秋 3 个季节进行。春季嫁接，在萌蘖前 20～30 天进行。由于嫁接成活后生长期长，苗木当年可以出圃。夏季嫁接，在 5 月下旬至 7 月初进行。此时植株处于旺盛生长阶段，接穗可用当年生长的半木质化枝条。嫁接成活后穗芽萌发，当年能成苗出圃。秋季嫁接在 8 月下旬至 9 月中旬进行。此时气候温和，猕猴桃生长缓慢，但形成层很活跃，嫁接容易成活而不萌发，到翌年春季才萌发生长。

(2)单芽腹接　猕猴桃芽大，芽垫厚，砧木皮很薄，所以不能用"T"字形芽接法进行嫁接。经试验，在夏季或秋季嫁接，最好采用单芽腹接法。采用这种方法，所削的芽片比较大，也比较厚，可选用腋芽饱满、髓心小的接穗。嫁接时，要使砧木和接穗左右两边的形成层都能相接，接后用塑料条捆紧。对于 6～7 月份嫁接并要求接后萌发的，在用塑料条捆绑时，要露出接芽。接芽在离地 15 厘米处嫁接。接口以下的叶片要加以保留；接口以上保留 5 片老叶后，将其余的嫩梢和嫩叶都剪去，因为它们生长要消耗营养，而老叶片能制造营养，有利于嫁接伤口的愈合，并满足根系对有机营养的需求。接后 15 天，接芽成活，即在接芽上方 1 厘米处剪断砧木，以促进接芽萌发生长。

在 8 月下旬至 9 月份嫁接时，接芽在离地 10 厘米处嫁接，砧木接口以下的叶片要全部去除。单芽腹接后，用塑料条捆绑时可不露芽，也可以露芽，接后不剪砧，不刺激接芽萌发。到翌年春季，再在接芽前 1 厘米处剪砧，并清除塑料条，以促进接芽生长。

(3)单芽切接　春季嫁接可以进行单芽腹接，但更适合的是进行单芽切接。嫁接部位在离地约 5 厘米处。接后用 1 条比较宽的塑料条将接口包严，而且要把带单芽的接穗都包在里边。也可以用地膜剪成 5 厘米宽的带，在嫁接时取 30～40 厘米长，先把接口连同接芽全部包住，然后将地膜合并成绳，将芽以下的接口捆紧，最后在上一圈内穿过并拉紧即可。待接芽萌发后，用小刀尖在芽的上方，将地膜刺一小孔，使接芽萌发后能伸出膜外生长。春季单芽切接成活后，经过 1 年的生长，秋后就能成为壮苗。

(4)室内根颈部嫁接　初冬将上年的实生苗全部起出来，进行分级。能嫁接的进行低温沙藏。小弱苗拣出后再栽植 1 年。将接穗也同时沙藏。到翌年早春 3 月上旬，集中在室内嫁接。

嫁接时可采用劈接法。嫁接部位在根颈部。接后用麻绳捆紧，然后集中栽入苗圃。这里有 2 点要注意：一是嫁接在根颈部。如果根粗，也可以在根的部位。猕猴桃肉质根形成层活跃，愈伤组织形成得多而快，很容易嫁接成活。二是不要用塑料条捆绑，而是用麻绳或其他易腐烂的绳子捆绑。因为栽植入苗圃后，接口要完全埋入土中。为了克服解绑的困难，所以不用塑料条捆绑。

(三)高接换种

目前，猕猴桃发展数量已经不少。要发展优种，高接换种是一个重要的手段。猕猴桃春季嫁接主要问题是有明显的伤流液，可参考核桃嫁接。主要解决方法是放水处理，或保留一部分砧木的枝叶作为拉水枝，可减少伤口的伤流液。同时，在嫁接时期上要晚一些，嫁接方法，一般顶部用切接，中部用腹接，小枝用合接。

（1）切接　在多头高接时，接口粗度要比接穗粗。其粗度一般以2～3厘米为宜。嫁接时以采用切接法为好。接穗要事先进行蜡封。接后要用塑料条将接口捆紧包严，但要露出接穗。

（2）腹接　因为猕猴桃的茎蔓很长，进行截头嫁接时不宜离地太近，其离地距离一般为2～3米。其下部需要用腹接来补充枝条。接穗必须事先进行蜡封，接后用塑料条捆紧接口，但要使接穗外露。

（3）合接　猕猴桃的主蔓下部，往往有一些1年生枝。对于这些枝条，不要去除。可以采用合接法加以利用。选择和砧木相同粗度的蜡封接穗，采用合接，将其嫁接于主蔓下部的1年生枝上。接后用塑料条捆紧接口。

采用以上方法对猕猴桃进行多头高接。接穗成活后，可很快生长，迅速恢复树冠和产量，尽快获得良好的效益。

第十节　柑橘

柑橘在世界上是栽植面积最大、产量最高的水果，我国是柑橘的生产大国，栽植面积和产量居世界首位。目前，最主要的是要提高果品质量，科学修剪也是重要的环节。柑橘是常绿树，有特殊的生长结果习性。

三、柑橘类果树的整形要点

果树整形在前面已经统一讲了，但常绿树有些特点还需要叙述。柑橘没有明显的干性，自然生长的树形为自然圆头形，主枝较多，树冠骨架似丛生状态。一般认为，培养成自然开心形较好，对树冠比较高大的种类也可以发展成延迟开心形。

柑橘幼苗生长比较缓慢，为了节省耕地，在果园定植一般不用1年生苗。而是将1年生苗集中栽种在土壤肥沃的育苗圃中，这样也便于管理。经过2～3年，使根系发达，并形成基本骨架，而后定植田间。因此，在苗圃要培养出主干和主枝，为整形打好基础。

在苗圃首先要定干，一般干高30～40厘米。自然开心形留3个主枝，这3个主枝要有一定的间隔，上下在20～30厘米，要求1年生苗种植定干后，可从春梢中选定第一主枝。到夏天，在延长主干上所发生的夏梢中选留第二及第三主枝，这样当年即可培养出3个主枝。也可以第一年选留第一主枝，第二年再选留第二及第三主枝，这样2年完成三大主枝。主枝选定后，宜利用春梢、夏梢和秋梢继续伸展，只要生长良好，尽量不要重剪，以促进树冠的早日扩大。主枝延长枝上所发生的分枝，要适当短截，可作为侧枝培养。生长角度要比主枝开张，以免与主枝竞争而破坏主从关系。

柑橘苗3个主枝培养好后，可以定植到田间，以后1～2年还是幼树整形阶段，需培养出3个副主枝，每个主枝和副主枝上要有侧枝或辅养枝，使树冠圆满紧凑。在主枝、副主枝、侧枝和辅养枝上再培养出结果母枝，形成结果的基础。辅养枝是要利用空间生长提早结果，当影响到主、侧枝生长时，要控制生长或去除。

四、柑橘的修剪时期

柑橘为常绿树，无完全的休眠期，根、茎、叶周年活动。从营养成分来看，树体内氮素约有40%，含于叶片中，枝干中也含多量氮素。因此，通过修剪减少枝叶，对养分是一种损失，同时叶片一年四季都在进行光合作用，因此对常绿树种修剪一定要轻剪，这也是常绿树在修剪上的特性。根据柑橘的物候期来看，4～5月份萌芽、抽枝、开花，而后树上结果，直至秋冬采收，都不能任意修剪，至采收后，正值严寒，同时冬季多进行花芽分化，这时修剪也不适宜。因此，主要修剪时期只有在严寒过后的早春进行。除早春外，还需结合晚春修剪和秋季修剪。

（一）春季修剪

早春为柑橘的适宜修剪时期，在温度较低的地区，可在3月份进行，在无严寒的亚热带地区可在2月份进行。柑橘根系生长期比较晚，常在春梢伸长后才开始，因此早春修剪对根系生长无直接影响。随着春季气温的升高，修剪后即开始萌芽生长，并能发生多数新梢。对枝条的更新、大枝的截除及回缩修剪必须在早春进行，有利于及早恢复树势。

（二）晚春修剪

柑橘至晚春，春梢已发生，并已产生花蕾。这次修剪主要对开花过多的树，对更新结果母枝进行辅助修剪，修剪量宜少，修剪时期不宜过晚，一般在5月上旬完成。

（三）秋季修剪

一般在秋季10月中旬左右，目的是为翌年的新梢生长良好、多形成结果母枝。由于这时果实尚未采收，不宜过多修剪。这次修剪最适宜于小年结果少的树，预防翌年结果过多，秋季修剪起更新结果母枝的作用。

五、柑橘修剪的主要内容

（一）主侧枝的修剪

主枝和副主枝培养形成后，要保持生长优势，同时对下部主枝进行适当缩剪，使行间和株间保持一定的空间，以改善光照条件。侧枝上产生结果母枝和结果枝，连续结果后趋于衰老，同时小枝之间密生和交错，此时如附近有优良新梢，可以作为更新枝，而将老枝疏除或短截，使养分集中，生长出良好的结果母枝。

（二）结果母枝的修剪

结果母枝是翌年抽生出结果枝开花结果的枝。抽生的结果枝有2类：一类结果枝带有叶和花，生长健壮，多数是从健壮结果母枝先端数节抽生而成；另一类结果枝细弱无叶有花，多数是从较弱结果母枝的中、下部芽抽生出来。前者所结的果实品质好，后者品质差。因此，在栽培上要多培养强势的结果母枝。

培养强结果母枝，必须对过多、较细弱的结果母枝进行疏剪，使营养集中。对于结果母枝留量要进行计算，因为柑橘产量上大小年现象非常严重。大年优良的结果母枝多，抽生的结果枝也多，产量过高，形成产量上的大年，引起树势衰弱，形成优良结果母枝少，而第二年结果枝少，产量低，形成产量上的小年。产量低，树体营养得到改善，又使结果母枝增加，而形成结果过多。这种大小年现象不但影响丰产稳产，更影响柑橘的品质。所以，必须用修剪的手段来控制结果母枝的留量。

疏除过多的结果母枝，要去弱留强，保留健壮的母枝可获得优质丰产。已开花结果的结果母枝，虽能连续结果，但是逐年衰弱。因此，对于较衰弱的结果母枝，也不宜全部清除，而是留一部分进行短截。剪截到仅留一段2年生枝的部分，促其发生新梢，由于新梢上不结果，因此能生长较强壮的更新枝，作为翌年的结果母枝。这样，既有抽生结果枝的结果母枝，又有结果母枝的预备枝，使结果部位不断更新达到高产、稳产，提高果品质量。

（三）果蒂枝的修剪

果蒂枝一般果实采收后不宜短截，因为结果枝结果后往往生长势已衰弱，其枝上的芽，特别是基部芽发育不良，短截后往往不能长成强壮枝。果蒂枝不短截，发生新梢，生长新叶，可促进树体生长势增强，能生长出长短不同的新梢。这些新梢中，生长强健充实的即形成结果母枝。在结果母枝中强健充实的先端结果的同时，其下部的芽变成混合芽，采果后，这样的果蒂枝就可作为结果母枝，可连年结果。如果把这类枝短截，则形成隔年结果。

从以上看出，果蒂枝需保留作为更新结果母枝不宜短截。但对于细弱的果蒂枝，常自行枯死或不抽枝，故对短小果蒂枝以完全剪去为宜。

(四)结果枝组的更新修剪

柑橘进入盛果期，结果母枝集中在一起形成结果枝组。要保持枝组常年不衰，不能远离骨干枝，必须对枝组进行轮换压缩修剪。每年应选 1/3 左右的结果枝组或夏秋梢形成的结果母枝从基部短截，剪口保留 1 个当年生枝，并短截 1/3～2/3，防止其开花结果，使短截枝抽生出较强的春梢和夏秋梢，形成强壮的更新枝组。全树每年轮流回缩和促生一批枝组，保留一批枝组结果，即可使树冠紧凑而缓慢扩大。

(五)辅养枝和下垂枝及徒长枝的修剪

幼树修剪时为了利用空间，除主侧枝外还要保留辅养枝，辅养枝对早期丰产起重要的作用。随着树冠的扩大，树冠内部、下部光照不足，可逐年压缩修剪。由于结果后枝条下垂，下垂枝生长势易衰弱，需逐年剪去下垂部分，抬高枝群的位置，使其继续结果，直至整个大枝衰退无利用价值后，则从基部剪除。

徒长枝从潜伏芽萌生长出，一般直立生长旺盛。对扰乱树形的徒长枝应及早剪除。如果有空间，可以利用徒长枝改造成结果母枝或结果枝组。可采用刻伤等方法，促使下部萌生分枝，再短截到分枝处，再用摘心或轻截控制强枝生长，就能培养成理想的结果枝组。

（六）应用修剪技术克服产量上的大小年

柑橘在产量上很容易形成大小年，为了克服大小年现象，修剪是重要的手段。一般稳产树要求结果母枝占 40%～45%，发育枝占 55%～60%，老叶、新叶和花的比例为 1：1：1。为了使柑橘稳产，对可能产生大小年的树要用修剪来控制。

1. 控制大年树修剪

目的是控制柑橘的花量，调节养分和促进新梢的发生。修剪时期要适当提早，一般在 2 月下旬开始，以便早剪去或短截过多的枝梢，包括剪去或短截 2～3 年生枝和结果母枝，短截长梢，以减少花量和结果量。对采果后的结果母枝，进行短截；上年采果后的有叶果蒂枝，如不发生花枝结果的，则能发生良好的新梢，因此要多留采果后的有叶果蒂枝。

2. 控制小年树修剪

需多留上年抽生的 1 年生枝，使其多结果。要多留上年结果后的果蒂枝，如果上年采果后的有叶果蒂枝比较粗壮，过冬后保留叶片又较完整，可能变成结果母枝，适当多留，以增加结果量。对树冠内膛和下部的衰弱枝要多短截或剪除，以减少发芽点而促进长出良好的发育枝。

六、柑橘的嫁接技术

（一）柑橘类嫁接用砧木

我国柑橘种质资源十分丰富。目前我国各柑橘产区比较常用的砧木有枳橙、香橙、枸头橙、米栾、酸橘、红橘和柚等。由于各产区栽培品种不同，生态环境条件也不一样，各产区应根据当地条件及栽培品种综合考虑，以确定适宜的砧木。可供嫁接选用的柑橘砧木主要有以下几种。

1. 枳

枳的主根分布较浅、侧根少，小侧根和须根特别发达。枳砧嫁接成活率高，嫁接树结果早，丰产，耐寒、耐涝，成熟期提早，着色好、糖分高，较耐贮藏。抗脚腐病、流胶病、根结线虫和衰退病。适宜水分充足、有机质丰富的土壤或黏壤土栽培。但寿命较短，耐盐碱力弱。适宜作宽皮橘类、橙类及金柑的砧木。据观察，枳有大叶、小叶等类型。用小叶类型作砧木，植株比较矮化。近年来发现，在广西用枳作温州蜜柑砧木时，有青枯病发生。

枳橙是枳和甜橙的天然杂交种，产自我国东南部，生长旺盛，根系发达，具有较强的耐寒、耐旱、耐瘠薄以及抗脚腐病能力，但不抗盐碱。用它嫁接甜橙和温州蜜柑等，稍有矮化现象，但能早结果，早丰产，果实成熟期也略有提早。

2. 酸橙

(1)枸头橙　是酸橙的一个品种，主产于浙江黄岩。树势强健，高大，根系发达，骨干根粗长。耐旱，耐湿，耐盐碱，寿命长。在黄岩地区作主栽品种的砧木。嫁接后果实品质好，产量高。在山地、平地及海涂栽培，表现均好。但进入结果期稍迟。

(2)朱栾　也是酸橙的一个品种。根系发达，幼苗生长快。耐盐碱能力较强，耐寒，抗旱力弱。在浙江省温州产区，用朱栾作瓶柑、乳橘及漳橘等的砧木时，表现良好。

3. 香橙

香橙树势强健，寿命长。主根深，粗根多，细根较少。抗旱、抗寒，抗脚腐病及衰退病，也较耐热，耐瘠薄，但耐温性差。在四川省江津试验表明，香橙作先锋橙砧木时，嫁接树生长较缓慢，树冠半矮化，枝粗而密，树冠紧凑，进入结果期早，结果密度大。果色较深，品质好，而且丰产，是优良的甜橙砧木。嫁接温州蜜柑和椪柑等，亲和力也好，嫁接树生长健旺。

4. 柑橘

(1)酸橘　根系发达，主根深，对土壤适应性强。耐旱、耐湿。嫁接后苗木生长健壮，树冠高大、直立、丰产、稳产，寿命长，果实品质好。但进入结果期比红檬檬砧木稍迟。在广东、广西、福建和台湾等地，它常被用作蕉柑、椪柑和甜橙的砧木。作温州蜜柑和柠檬的砧木时，效果不好。

(2)红橘　生长健壮，根系发达，骨干根数量较多，分布均匀。在福建用作椪柑砧木时，表现寿命长，抗旱力比雪柑砧强，较耐寒，树冠大，生长好，产量高，果大皮薄，品质优良。适宜山地栽培，是椪柑、蕉柑和甜橙的良好砧木。在四川省江津试验结果表明，用红橙作甜橙、红橘和柠檬的砧木时，表现均好。作甜橙及温州蜜柑的砧木时，进入结果期比枳砧稍迟。

5. 柚

柚可作为柚类的砧木(本砧)。嫁接成活率高，根深、大根多、须根少，树势高大。宜在深厚肥沃、排水良好的土壤中栽培。柚砧在稍带盐分的黏土壤中生长良好。也可作柠檬的砧木，嫁接苗果实增大，但品质差。用柚作甜橙砧木时，初期生长尚佳，以后逐渐衰退，故不宜利用。

(二)砧木培养与嫁接育苗

1. 采种及种子处理

选择品种纯正、健康无病的砧木母本树，采摘已经充分成熟的果实。采果后及时取种子。种子外有胶质，可包在麻布里轻轻搓洗掉。冲洗过后的鲜湿种子要阴干，或放在弱日光下晾至种皮发白，互相不黏着为度。晾晒过程中要经常翻动。柑橘砧木的种子没有休眠期，不用沙藏就可以播种。也可以从未成熟的果实中取出种子直接播种。

为了促进种子萌发，减少苗期病害，可用含 1.5% 硫酸镁的

35~40℃温水，浸种 2 小时，或用 0.4％高锰酸钾溶液浸种 24 小时，再用冷水浸半天。然后取出种子，放在垫草的箩筐中，上面用草盖好，每天用 35~40℃；的温水均匀淋洒 3~4 次，翻动 1 次。经过 5~9 天后，待种子微露白后即可播种。

2. 播种与管理

砧木种子的播种时期，根据气候条件而定。华南无霜冻地区，以 12 月份播种为宜；长江流域及闽北、粤北与桂北等地，一般在 2~3 月份播种。

选择排水良好的沙质壤土地做苗床，最好是用没有种过柑橘的土地育苗。为了提高土地利用率和便于管理，育苗过程分 2 步：第一步是将种子比较密集地播种在苗床中，第二步是将苗移栽到苗圃中，等生长到一定大小后嫁接。

苗床要精耕细作。播种用撒播或横行条播，每 667 米² 用枳种 40~60 千克。其他砧木种子都比枳种大，用量要相应增加。播种后，用小竹签把靠在一起的种子稍加拨动，使之均匀分布。然后盖上沙土，厚度以盖住种子为度，切勿过厚，上面再覆盖稻草。然后充分喷水。冬季播种后，最好加盖塑料拱棚，可提早 20 天出苗，到 3 月份气温上升后，揭开薄膜。幼苗出齐后，用 1∶1∶100 的波尔多液喷淋床面，每周 1 次，连喷 2~3 次防止病害。当幼苗长出 2~3 片真叶时，要追肥和灌水，以促进幼苗生长。到 5~7 月份，小苗生长出 10 片以上的真叶时，即可移栽到苗圃地。

移栽前先整好苗圃地。移栽以采用宽窄行为好。宽行行距 80 厘米，窄行行距 20 厘米，株距 13~15 厘米，每 667 米² 栽苗 0.8 万~1 万株。以后嫁接时，人可在宽行内进行作业，操作方便。幼苗移栽时期，正值南方地区梅雨季节，要选择阴天或小雨天进行栽植。栽时不必带土团，但起苗后根部要蘸上稀泥浆，以保持根部湿润。然后分级进行移栽，以便幼苗生长整齐一致。移栽后要及时浇水，并加强管理。

3. 接穗采集与贮藏

接穗要从生长健壮、丰产、稳产、品质优良、不带任何病虫害的成年树上采取。大量育苗时，应建立无病毒优质苗的采穗圃。采穗的时期以枝条充分成熟、新芽未萌发前为宜。采穗一般在清晨或傍晚，枝条内含水比较充足时进行。下雨时，宜在天气转晴后2～3天再采穗。接穗剪下后，要及时剪去叶片，留下部分叶柄，每50～100枝扎成1捆，标明品种及品系，用湿布包裹好备用。

对接穗随采随接，嫁接成活率最高。如果需要运往外地，则应注意防止接穗干枯或霉烂。要在低温（4～13℃）、高湿（空气相对湿度约90%）和透气的条件下保存。包装时，最好用湿润的苔藓植物作填充物，再用塑料膜包裹，两端要留孔隙，以便通气和排出多余的水分，然后装箱运寄。

4. 嫁接时期

在南方温暖的地方，几乎周年都可以嫁接，月平均温度在10℃以上便可以进行，但以雨水至清明之间柑橘类开始生长时嫁接为最好。在广东、广西和福建大量育苗区，在立春即可开始嫁接柚和橙类。

1. 嫁接方法

（1）单芽切接　适用于柑橘育苗嫁接的方法繁多，各地还有一些新的名称。在春季嫁接，主要是用单芽切接法。最适宜的嫁接时期，在各品种芽萌发前1周。嫁接在砧木离地面10厘米左右处。单芽切接后，用塑料条捆紧，同时要把砧木接穗上面的伤口包起来，以减少上部水分蒸发，而又要把芽露出来，以便于芽的萌发。

（2）嵌芽接　一般在6～7月份进行。砧木生长了1年半，比较粗壮。在砧木离地5～10厘米处进行带木质部的嵌芽接。接后先不剪砧，等于接在砧木的腹部。故有的地方把这叫腹接或单芽腹接。当砧木和接穗粗度相似时，更适合用嵌芽接。

为了促进芽的愈合和萌发，接穗采用即将萌发的芽，或已开始萌动芽，同时在嫁接后 1 周，砧木和接穗基本愈合后，在接芽一边芽的上方，将砧木茎干横切至 $1/3 \sim 1/2$，留 $1/2 \sim 2/3$ 木质部和皮层，然后轻轻将砧木压倒呈 90°角。这种方法可破坏顶端优势，使顶端优势转移到接芽上。同时压倒的枝条上有成熟的叶片，光合作用制造的养分可供给根系活动的需要。另一个作用是可以保护接芽免受烈日暴晒或高温烫伤。压倒处理后，接芽能很快萌发，当生长的新梢叶片转绿老熟后，再将折倒的砧木剪除，同时除去捆绑的塑料条。

（3）"T"字形芽接 "T"字形芽接，嫁接速度快，成活率高，但接后不容易萌发。所以嫁接时期在越冬之前为好。嫁接方法的操作。一般春季育砧木苗，到秋后进行"T"字形芽接，翌年春季芽萌发之前剪砧，并把塑料条解除。嫁接芽萌发后，要清除萌蘖，通过 1 年的生长，可以培养 2 年根 1 年苗的壮苗。

（三）高接换种

1. 嫁接组合的选择

柑橘高接换种要考虑到 3 个树种之间的亲和力和互相的影响，包括基砧即为原来的砧木，中间砧即准备要改接的品种，还有接穗即要发展的品种。基砧＋中间砧＋高接品种组合后亲和性良好的组合有：枳砧＋温州蜜柑（中晚熟品种）＋甜橙或脐橙、枳砧＋温州蜜柑（中晚熟品种）＋芦柑（椪柑）、枳砧＋克里迈丁＋甜橙或脐橙、枳砧＋锦橙＋脐橙、枳砧＋血橙＋脐橙、枳砧＋雪柑＋脐橙、枳砧＋哈姆林＋脐橙、枳砧＋暗柳橙＋脐橙、枳砧＋脐橙＋温州蜜柑、枳砧＋脐橙＋柠檬、枳砧＋文旦＋脐橙、枸头橙＋金柑＋本地早、枸头橙＋早橘＋槾橘、枸头橙＋本地早＋槾橘、枸头橙＋脐橙＋本地早、枸头橙＋甜橙＋本地早、枳砧＋柚类＋脐橙、福橘或红橘＋温州蜜柑（中晚熟种)＋脐橙、福橘或红橘＋血橙＋脐橙、福橘或红橘＋雪柑＋脐橙、枳橙＋温州蜜柑＋脐橙、枳橙＋甜橙＋脐橙、枳砧＋尾张温州蜜柑＋特早熟温州蜜柑、枳砧＋甜橙＋温州蜜柑、酸柚＋文旦＋早香柚、酸柚＋柚类＋胡柚、酸柚＋柚类＋甜橙、酸橘＋朱橘＋香橼或柠檬、酸柚＋福橘＋香橼或柠檬、枳砧＋温州蜜柑＋香橼或柠檬、枳砧＋甜橙＋芦柑(椪柑)。

2. 多头高接法

从嫁接时期来说，常绿果树一年四季都可以进行。但是高接换头的最适时期是早春，即枝叶开始生长的时期。这个时期气温回升，树液流动，根系养分往上运输，伤口容易愈合，而且愈合生长速度快。高接换头的操作过程如下。

(1)砧木要保留叶片，但要控制生长 常绿树和落叶树不同。落叶树在落叶之前，养分都回收到根系和枝条内，春季嫁接时，其愈合和萌芽的能力很强。而常绿树的根系和枝条贮藏养分比较少，必须依靠叶片进行光合作用，包括冬季也有较弱的光合作用，通过叶片的光合作用供给接口愈合和接穗的生长。注意嫁接后要控制砧木枝条萌芽生长，. 要保留老叶，因为新梢和新叶生长要消耗营养，而老叶能制造营养，这样才能保证接穗的愈合和芽的萌发生长。

(2)接穗要粗壮，芽要饱满 有叶的绿枝和休眠枝不同，绿枝体内的养分含量少，如果枝条细弱，养分含量则更少，嫁接则难以成活。所以一定要剪取粗壮的接穗，要求随取随接，不要贮藏接穗，以免在贮藏期间消耗养分。另外，春季嫁接要求迅速萌发，故要选用芽饱满的接芽，最好用稍有膨大的芽，嫁接后即可萌发生长。

(3)用塑料袋保持湿度，防止雨水浸入 常绿树枝条的皮比较嫩，所以接穗一般不宜进行蜡封，以免烫伤嫩枝。用绿枝进行嫁接时，为了既保持伤口的湿度，又防止枝条失水和雨水浸入接口，用塑料袋套住接穗伤口是最适合的。常绿果树早春嫁接为好，这时气温还比较低，套上塑料袋不仅不会造成温度过高而影响愈合生长，相反，还会由于能提高温度而促进伤口的愈合和接穗的发芽与生长。

（4）嫁接头要多，方法可多样化　常绿树进行高接换种，其嫁接头数也必须要多，可以比落叶树嫁接头数更多一些。嫁接方法可以根据枝条的部位、枝条的粗细而变化。例如，主枝顶端可以用切接或单芽切接；侧枝和辅养枝顶端用单芽切接；各类小枝用"T"字形芽接或嵌芽接；内膛插空可用腹接和插皮腹接，也可以用芽接，形成立体式的嫁接，使接穗成活后树体不变小，新品种能很快结果。

3. 保持原品种产量的折枝高接法

折枝高接又叫倒枝高接，将大枝中下部自上而下锯一伤口，使枝条半折断，伤口上部嫁接新品种，下部连接使大枝前端还能结果。也可以先将大枝弯倒下垂，在拐弯处用皮下腹接嫁接新品种，下垂枝可结果，等接穗长大后将下垂枝逐步去除。

4. 超多头芽接

秋季进行多头芽接，翌年春季剪砧促进接穗生长，这种方法对常绿树种最为适宜，但砧木比较年轻为好。

第十一节　荔枝

荔枝和龙眼都是常绿树，树冠高大，普通树高在 7～10 米，寿命达 100 余年。实生树一般近 10 年才开花结果，压条或嫁接后 3～4 年即能开花结果。

一、荔枝生长结果习性

（一）树形

荔枝具有一定的干性，宜留干高 1 米左右，可按照自然开心形整枝，使主干上分生主枝 3 个，向四周开展，一直伸长，主枝上不再配置副主枝，每个主枝上可着生 2～3 个侧枝，形成主要的结果部位。这种树形较低矮，骨干枝较少，而侧枝群多，结果部位不会集中在顶端，而形成立体结果，也便于田间管理。

(二)结果习性

荔枝为雌雄同株而异花，一个花穗中雌雄花混生。花穗呈圆锥形，平均长 30 厘米，大多数由上年生长充实的新梢顶芽抽生。每一个花穗有花 800～1 000 朵，花中有雄花、雌花和不完全雌蕊的雄花 3 种。在同一棵树上这 3 种花中雄花最多，雌花次之，不完全雌蕊雄花较少。由于雌、雄花不是同时开放，而且花期常常多雨，以致授粉不良，荔枝开花虽多但坐果率并不高。

(三)产量上大小年很明显

荔枝易发生隔年结果现象，这是由于春季新梢抽生花穗很大，消耗养分很多，使花穗以下的叶腋不再抽生春梢。故全树花多时，则春梢相对减少，同时结果多，树势衰弱，采果后夏梢也生长细弱。由于结果多，生长充实的结果母枝减少，致使翌年开花结果大减，就形成产量上的小年。小年花穗形成少而小，春季荔枝抽生的新梢多，形成良好的结果母枝多，则下一年又形成大年。这样如果不加人工修剪，就形成明显的大小年现象。

二、荔枝结果母枝的培养

荔枝为常绿树，修剪以轻剪为宜。树形完成后，只是对密生枝、衰弱枝、枯枝等剪除，修剪时期主要在采收之后。为了防止大小年结果现象，可在早春剪去一部分着生过多的花穗，剪除花穗时要进行短截，使剪口下生长出新梢。这些生长充实的新梢即为良好的结果母枝，翌年能抽生花穗结果。另外，在采收果实时，将果枝留基部芽数个，夏季即可从果枝基部抽生新梢。如果肥水管理良好，就能形成生长充实的结果母枝，能连续开花结果。

荔枝结果母枝主要是由秋梢形成的。秋梢结果母枝如果仅培养 1 次新梢，第二年往往不能成花或成花率低，挂果很少。因此，要加强肥水管理，培养 2～3 次新梢，这些 2～3 次的新梢要求节间短，叶片大而厚，生长充实，这样的结果母枝成花率高，而且坐果率也高，产量稳定。

三、荔枝的嫁接技术

(一)砧木培养与嫁接

1. 采种与催芽

荔枝种子在果实未成熟，而种皮开始变褐色时，已具有发芽能力。但是从充分利用果肉考虑，则应在果实充分成熟，于食用和制罐头取出果皮后收集种子。荔枝种子极不耐干燥，不能在阳光下暴晒，必须保持湿润。荔枝种子越大越饱满，发芽率越高，苗木生长势越壮。

种子应先催芽后再播种。常用沙藏法进行催芽。即将 1 份种子加入 2～3 份湿沙，均匀混合后，堆成 40 厘米高的小堆，表面用塑料薄膜封盖保湿，温度保持为 25℃。约经 4 天，种子胚根露出，即可取出播种。播种可以直接播到苗圃，也可以先集中进行床播，以后再移苗。后者早期占地少，土地利用率更高。

2. 播种与移栽

播种的密度，视种子大小、管理条件及移植时间迟早而不同。夏季播种，一般在翌年春天 3～4 月份移植，播种行距为10～15 厘米，株距为 5～8 厘米，每 667 米² 播 125～200 千克种子。播种时，先开 2～3 厘米深的沟，将种子平放于播种沟内覆土 1.5～2 厘米厚。播种前折断根尖，能明显促进早期的侧根生长，断口处能分生出 3～4 条侧根。

幼苗在播种圃生长至翌年春季，即可进行分床移栽。3～4月份气温回升，日照不太强烈，雨水多，湿度大，不必带土团移栽就能成活。每 667 米^2 约栽 1 万棵。行距大一些，以便于进行嫁接。

3. 荔枝苗的嫁接

接穗应在品种纯正、生长健壮、丰产优质的结果树上采集。采集时，应选择树冠外围中上部接受阳光充足的枝条。所选的枝条，芽要饱满，皮要嫩滑，粗度和砧木相似或略细，顶端叶片浓绿已老熟，芽未萌发，最好刚开始萌动。从荔枝树上剪截符合以上条件的 1 年生或 2 年生枝条，剪下后立即剪除叶片，用湿布包好，以供嫁接用。

嫁接时间四季都可以，但是枝接以春季芽开始萌发生长时进行为最好。芽接在 4～10 月份都可以进行。但是如果要使芽当年萌发生长，则要早接；如果不要当年萌发，而是到翌年再萌发生长，则可在秋后嫁接。

（1）春季枝接 嫁接部位离地约 10 厘米。如果砧木粗壮则可在离地 15 厘米处嫁接，砧木上最少要保留 2～3 片复叶。这是常绿树嫁接和落叶树嫁接的不同之处。常绿树根系积累的营养比较少，不留叶片对接口的愈合、根系的生长及吸收功能都不利。嫁接方法可用切接或腹接等方法。腹接后，将顶端砧木剪去，实际上和切接或劈接相似。接后可套塑料口袋或牛皮纸口袋。更简单的方法是用一块地膜将接穗和接口蒙上再在接口下捆紧，使接穗和接口都扎在地膜的中间，起到保湿和保温作用，又能挡住雨水浸入。

这种方法比用套口袋方便，也省材料，嫁接速度也快。由于在早春气温较低，蒙上地膜后，接口温度能提高，有利于嫁接成活。嫁接后对接口下砧木的萌蘖要及时抹去，以保证接穗提早萌发。当接穗芽在地膜包裹中顶不出来时，要及时将地膜剪一个小洞，使接穗芽生长出来。

（2）补片芽接　又称贴片芽接法或芽片腹接法，荔枝产区果农习惯用这种芽接法。嫁接部位在离地 10～20 厘米处，接后用塑料条将芽片全部捆绑起来，不露出芽，以防雨水浸入。砧木的叶片要全部保留。接后 30 天，解除塑料薄膜。这时芽片保持新鲜即为成活。再经 7～10 天便在接芽上方 2 厘米处将砧木剪除，促进接芽萌发，如果在秋后嫁接，则不剪砧木，到翌年芽萌发生长之前再剪砧。

（二）高接换种

荔枝高接换种，嫁接时期最好安排在早春，新芽开始萌发生长时。首先要采好接穗。接穗品种的选择，应考虑砧、穗双方的亲和性。可以预先进行亲和性情况的试验，在成功后再大规模进行。在实践中，还可以根据砧、穗双方果实的成熟期是否一致，来判断二者的亲和性。一般早熟品种和晚熟品种之间不能嫁接，果实成熟期相近的荔枝品种间的亲和力强。

接穗的质量情况如何，对嫁接成活很有影响。要在优良品种树上选择充分老熟、向阳、芽饱满、枝条粗壮的 1～2 年生枝作接穗，最好是枝条的先端萌发 1 厘米长，侧芽没有萌发。这种枝条养分积累最高，嫁接最易成活。将枝条剪下以后，要立即剪去叶片，用湿布包好备用，要随采随接。

嫁接方法可采用树冠外嫁接和树冠内嫁接相结合的立体嫁接方式。外围枝采用多头截头嫁接的方式，运用切接法和合接法进行嫁接。内部采用补片芽接法和皮下腹接法进行嫁接。对于大砧木，一般也要在 2～3 年完成。第一年对主要的枝条进行嫁接。次要的小枝、辅养枝可以保留。这样做一方面是保持叶面积，另一方面还可以适当结果，减少经济损失。第二年将未接的枝条全部嫁接。这样可促进接活的接穗加速生长，使树冠圆满。第三年对没有接活的砧木枝条或有些保留的萌芽进行补接。这样可以很快恢复树冠并大量结果。

第十二节 龙眼

一、龙眼生长和开花结果习性

龙眼和荔枝生长及开花结果习性比较相似，但龙眼较荔枝容易衰老，一般 70～80 年，即产量明显下降。龙眼的整形也适宜用自然开心形。

龙眼的花穗为圆锥花序，约有 1 000 朵小花集中在一起，有雌花和雄花 2 种。雌、雄花同时开放，故受精良好，坐果率比荔枝高。

龙眼抽生花穗枝后，由于营养集中于开花结果，故下部叶腋中很少能抽生出春梢和夏梢，只能抽生出秋梢，而龙眼的结果母枝多从春梢和夏梢形成，秋梢生长不充实，很少能形成结果母枝。因此，如果不修剪则产量上大小年现象非常严重。

二、龙眼的修剪要点

为了使龙眼丰产稳产，花期修剪非常重要。

即在花穗生长到 15 厘米左右，花蕾已显露，这时要及时进行花穗修剪，花穗应去劣留优。如果优良花穗过多，也应适当剪除。在一棵树上留多少花穗，应由树势强弱和品种而定。一般树势强的要适当多留，树型小、树势弱的要少留；品种坐果率高的要少留，坐果率低的要多留。一般疏花穗要剪去 1/2 左右。疏花要和修剪相结合，即在花穗下部的芽要保留，在剪口下没有花穗时即容易萌芽抽枝，长出新梢就是翌年的结果母枝，春季能抽生花穗。因此，通过疏花修剪，可控制开花结果的数量，达到优质高产，同时保证下一年有足够的结果母枝，能年年结果，克服大小年现象。

为了保证结果母枝的质量，要求在夏季再进行修剪。由于通过疏花修剪后，在剪口下能发生出多个新梢，应在其中选优去劣，把细弱枝和过密枝疏除，可集中养分，并且通风透光，使新梢生长强健，翌年能萌生出良好的结果枝。

从龙眼的修剪可以看出，主要对花穗采用科学修剪，就能达到优质、高产、稳产的效果，可看出修剪的重要性。同时说明，只要掌握关键之处，就能达到事半功倍的结果。

三、龙眼的嫁接技术

（一）砧木的选择

龙眼嫁接用的砧木也是龙眼，即本砧。但是品种间的嫁接亲和力有较大的差异。一般是一个品种的实生树砧，接该品种的优良接穗，砧、穗之间有很好的亲和力。不同品种之间的嫁接，要观察它们的生长结果习性，根据二者习性的异同程度，可知二者间嫁接亲和力的差与好的情况。例如，枝条粗壮、叶片大的品种，接枝条细、叶片小的品种，往往亲和力较差；木质部较疏松的与木质部紧密的两种品种类型嫁接亲和力也较差。树皮粗糙开裂和树皮较薄、细嫩的品种之间，嫁接亲和力也较差。

具体说，以广眼砧高接储良、大乌圆时，出现不亲和现象很少。以鸡眼、纽扣龙眼（两种均为小果型，单果重只有 3～4克）作储良、黄壳石硖的砧木，则亲和力差；而以果较小的青壳石硖高接杂鸡眼砧上，则不亲和现象较轻。以大乌圆、乌圆品种作砧木，高接储良、黄壳石硖时亲和良好。在石硖实生树上高接储良，其亲和力较差。用滑树皮品种的砧木，高接粗树皮的青壳宝圆，亲和力也差，接口处出现上大下小的大脚现象。以福眼、赤壳和水涨为砧木，高接松风本，其砧穗亲和力良好。以上是一些生产经验的总结。龙眼各品种之间的嫁接亲和力表现规律，有待进一步加强研究。

（二）育苗和嫁接

1. 砧木苗的培养

龙眼种子很容易丧失发芽能力，一般都要随采随播种。种子从果实中取出后，应立即混以少量河沙。用脚轻踏摩擦除去附着在种脐上的果肉，然后用水漂洗并除去浮在水面上的劣质种子。然后以 50 千克种子用 50％甲基硫菌灵可湿性粉剂 250～300 克的比例，将二者充分拌匀，再用 2 倍的湿河沙在室内与种子混合，放在 25℃的温度条件下催芽。种子催芽 2～3 天，刚长出胚根时即可播种。一般育苗分两步：第一步将种子较密集地种入苗床；第二步将实生幼苗移栽苗圃，然后嫁接，嫁接苗生长 1 年，形成壮苗后出圃。苗床播种，一般用条播，行距 16～20 厘米、株距 8～10 厘米，每 667 米^2 播种 80～100 千克，播后覆土 0.8～1.2 厘米厚。当幼苗出土，长出 3～4 片真叶时，用锋利的平头刀，在距小苗主干约 4 厘米处，按 45°角斜插土中，将幼苗主根切断，以促进萌发侧根，有利于苗木生长和移栽。至翌年春季春梢萌发前，进行小苗移栽。移栽时按每 667 米^2 栽 1 万棵左右的密度，宽行密植有利于嫁接。

2. 幼苗嫁接

（1）嫁接时期　龙眼嫁接几乎全年都可以进行，以温度在 20～30℃、雨量较少的阴天或晴天较多时为最佳时期。多数地区在每年 3～4 月份和 9～10 月份为适宜的嫁接时期。

（2）接穗采集　采集接穗，要在长势旺盛、丰产稳产、无鬼帚病及其他病虫害的优良品种树上采集。在选择枝条时，以选用生长 3～5 个月龄、位于树冠中上部、已经充分老熟的枝条，芽体饱满，枝条顶端刚萌动，枝径为 0.6～0.8 厘米的粗壮条为宜。接穗采下后，要立即将复叶剪除，用拧干水的新毛巾随即包好，备用。

（3）嫁接方法　春季可用切接嫁接法。先在砧木距地面 10～

15厘米处剪断，要保持接口下砧木的叶片，一般要保留2～3片复叶。嫁接后用塑料条捆绑。由于常绿树不宜进行接穗蜡封，为了保持接穗的生活力，接后最好用地膜或塑料口袋将接穗和接口套起来，再捆紧。或用牛皮纸口袋将嫁接部位套起来。这样既能保住接穗和接口的湿度，又能防止雨水浸入接口，形成一个砧木和接穗双方愈伤组织生长和愈合的良好条件，以确保嫁接成活。

除春季枝接外，也可以在夏秋季进行补片芽接。在砧木离地15～20厘米处，选择树皮光滑处的一面进行嫁接。砧木上下的叶片都保留。嫁接后用塑料条将接口包紧，微露芽眼。接后30天，将塑料条解除。再过1周，在接芽上1厘米处剪砧，以促进接芽萌发抽枝。

（三）高接换种

对龙眼大树进行高接换种，通常有以下2种方法。

1. 先截头生枝然后嫁接

这种方法应用比较普遍。第一年先将龙眼大砧木上的主要枝条锯断，保留小枝条结果。大枝条锯断后，其伤口以下抽生新梢，去除一些过多的萌蘖，保留生长旺盛的萌条，特别要保留伤口附近的新梢，以利于伤口的愈合。翌年用芽接法将接穗芽嫁接在1年生枝上。

芽接时期一般在春季3～4月份枝条顶端芽已经萌发，而侧芽未萌发时进行。接穗从丰产、稳产、生长势强的优良龙眼母树上，采集中上部的粗壮枝条。要求所采枝条顶端已经萌发，用未萌发的侧芽嫁接。采集后立即剪除叶片备用。芽接采用补片芽接法。然后用塑料薄膜条自下而上、不露芽眼地进行缠绕，捆紧芽片。接后暂不剪砧。嫁接后25～30天，接芽边缘的空隙都已愈合良好，即可解除塑料条。解除后7～10天，芽片仍保持良好，即可将离芽接部位顶端1厘米以上砧木枝叶剪去，以促进接芽萌发抽枝。

以上是对压缩修剪后生长出来的 1 年生强壮枝进行的补片芽接。对于其他枝条，除同样可在中部进行芽接外，也可以截头进行切接或合接。有些龙眼产区，果农习惯用舌接，但舌接比较复杂。从嫁接成活率来看，合接不比舌接成活率低，而且操作方便，成活后嫁接接口非常牢固。

通过采用以上的嫁接方法，嫁接后 2 年，即能完成龙眼大树的换种。

2. 截头嫁接与"拔水枝"逐步完成的嫁接

采用此法，一般在春季芽萌发生长前进行嫁接。接口处粗度一般在 2～4 厘米。进行多头高接时，要在接口下适当保留"拔水枝"，保留全部枝条的 1/4～1/3。嫁接强枝，保留弱枝。嫁接强枝，有利于嫁接成活和成活后加快生长。保留弱枝，可减少对嫁接成活枝条的竞争性，保留老叶片可制造养分，对根系生长和树体平衡，有重要作用。同时，还可以适当结果，保持经济产量。但是如果"拔水枝"保留太多，就会影响接穗的生长。

嫁接方法一般可采用切接法。如前所述，接后要用塑料薄膜袋将接穗和伤口都套起来，或用牛皮纸口袋套起来，保持湿度和接穗的生活力，同时又可防雨水浸入，从而明显提高成活率。

到翌年对所有"拔水枝"进行嫁接。其嫁接方法可采用切接法或合接法。一般 2 年内完成大树的改造。如果有的枝条嫁接不成活或新生长出萌蘖，可在第三年补接。如果成活的枝条已经够用，即接穗生长的枝叶已经形成圆满的树冠，则不必要再补接。第三年要清除所有砧木的枝条和萌蘖，并加强地下管理，促进新品种接穗的生长和结果。

参考文献

1. 王海波，刘凤之. 画说果树修剪与嫁接. 北京：中国农业科技出版社，2019.

2. 孙其宝. 图说果树嫁接与修剪. 南昌：江西教育出版社：红星电子音像出版社，2014.

3. 车艳芳，曹花平. 果树修剪整形嫁接新技术. 石家庄：河北科学技术出版社，2014.

4. 施泽荣，等. 特优果树嫁接、修剪、防病图解. 北京：中国林业出版社，2003.